国家电网有限公司

技能人员专业培训教材

水电厂继电保护

国家电网有限公司　组编

中国电力出版社
CHINA ELECTRIC POWER PRESS

图书在版编目（CIP）数据

水电厂继电保护/国家电网有限公司组编. —北京：中国电力出版社，2020.7
国家电网有限公司技能人员专业培训教材
ISBN 978-7-5198-4421-9

Ⅰ. ①水…　Ⅱ. ①国…　Ⅲ. ①水力发电站-继电保护-技术培训-教材　Ⅳ. ①TV734

中国版本图书馆 CIP 数据核字（2020）第 037026 号

出版发行：中国电力出版社
地　　址：北京市东城区北京站西街 19 号（邮政编码 100005）
网　　址：http://www.cepp.sgcc.com.cn
责任编辑：畅　舒（010-63412312）
责任校对：黄　蓓　王海南
装帧设计：郝晓燕　赵姗姗
责任印制：吴　迪

印　　刷：三河市百盛印装有限公司
版　　次：2020 年 7 月第一版
印　　次：2020 年 7 月北京第一次印刷
开　　本：710 毫米×980 毫米　16 开本
印　　张：8.25
字　　数：151 千字
印　　数：0001—1500 册
定　　价：28.00 元

本书编委会

前　言

为贯彻落实国家终身职业技能培训要求，全面加强国家电网有限公司新时代高技能人才队伍建设工作，有效提升技能人员岗位能力培训工作的针对性、有效性和规范性，加快建设一支纪律严明、素质优良、技艺精湛的高技能人才队伍，为建设具有中国特色国际领先的能源互联网企业提供强有力人才支撑，国家电网有限公司人力资源部组织公司系统技术技能专家，在《国家电网公司生产技能人员职业能力培训专用教材》（2010 年版）基础上，结合新理论、新技术、新方法、新设备，采用模块化结构，修编完成覆盖输电、变电、配电、营销、调度等 50 余个专业的培训教材。

本套专业培训教材是以各岗位小类的岗位能力培训规范为指导，以国家、行业及公司发布的法律法规、规章制度、规程规范、技术标准等为依据，以岗位能力提升、贴近工作实际为目的，以模块化教材为特点，语言简练、通俗易懂，专业术语完整准确，适用于培训教学、员工自学、资源开发等，也可作为相关大专院校教学参考书。

本书为《水电厂继电保护》分册，由赵忠梅、张铁锋、汪子翔、孟繁聪、曹爱民、战杰、孟伟、王涛、李华、郝国文、罗胤编写。在出版过程中，参与编写和审定的专家们以高度的责任感和严谨的作风，几易其稿，多次修订才最终定稿。在本套培训教材即将出版之际，谨向所有参与和支持本书籍出版的专家表示衷心的感谢！

由于编写人员水平有限，书中难免有错误和不足之处，敬请广大读者批评指正。

目　录

前言

第一章　发电机与发电机–变压器组保护装置的调试及维护 …… 1
　模块 1　发电机保护装置原理（ZY5400103001） …… 1
　模块 2　发电机保护装置调试的安全和技术措施（ZY5400103002） …… 29
　模块 3　发电机保护装置的调试（ZY5400103003） …… 33
　模块 4　发电机–变压器组保护的接线方案（ZY5400103004） …… 71
　模块 5　发电机–变压器组保护的保护配置（ZY5400103005） …… 81
　模块 6　发电机–变压器组保护装置的调试（ZY5400103006） …… 101
第二章　继电保护专业规程 …… 119
　模块 1　继电保护和电网安全自动装置现场工作保安规定（ZY5400104001） …… 119

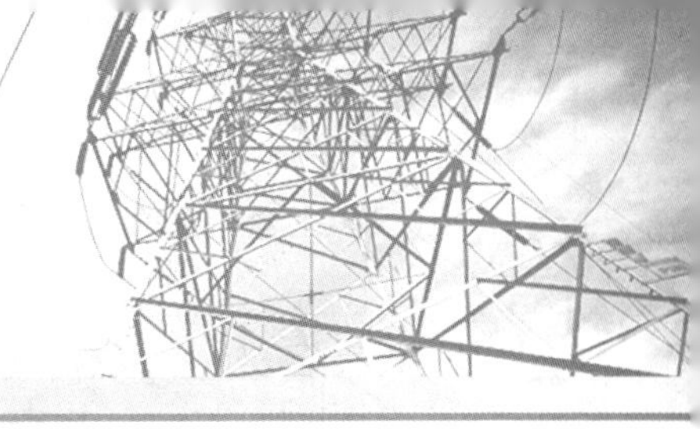

第一章

发电机与发电机–变压器组保护装置的调试及维护

模块1 发电机保护装置原理（ZY5400103001）

【模块描述】本模块包含了发电机微机保护的配置及原理，通过对发电机纵差保护、横差保护、电流电压量保护和失磁保护等保护原理的讲解，掌握发电机微机保护装置的相关知识。

【正文】

一、发电机的故障、不正常运行及保护配置

（一）发电机的故障类型及相应保护配置

发电机的故障类型主要有定子绕组不同相之间的相间短路、定子绕组同相不同分支和同相同分支之间的匝间短路、定子绕组开焊、定子绕组单相接地、转子绕组一点接地或两点接地、转子励磁回路励磁电流消失。

定子绕组相间短路：定子绕组相间短路会引起巨大的短路电流，严重烧坏发电机，需装设瞬时动作的纵联差动保护。

定子绕组匝间短路：定子绕组的匝间短路分为同相同分支的匝间短路和同相不同分支的匝间短路，同样会产生巨大的短路电流而烧坏发电机，需要装设瞬时动作的专用匝间短路保护。

定子绕组单相接地：定子绕组的单相接地是发电机易发生的一种故障。通常是因绝缘破坏使其绕组对铁芯短接，虽然此种故障瞬时电流不大，但接地电流会引起电弧灼伤铁芯，同时破坏绕组的绝缘，有可能发展为匝间短路或相间短路。因此，应装设灵敏的反映全部绕组任一点接地故障的100%定子绕组接地保护。

发电机转子绕组一点接地和两点接地：转子绕组一点接地后虽对发电机运行无影响，但若再发生另一点接地，形成两点接地故障。由于故障点流过相当大的故障电流而烧伤转子本体；由于部分绕组被短接，励磁绕组中电流增加，可能因过热而烧伤；由于转子绕组一部分被短接，使气隙磁通失去平衡，引起机组剧烈振动，产生严重后果。为了大型发电机组的安全运行，在励磁回路一点接地保护动作发出信号后，应立

即转移负荷，实现平稳停机检修。

发电机失磁分为：完全失磁和部分失磁（低励），完全失磁是指发电机完全失去励磁，低励是指发电机的励磁电流低于静稳极限对应的励磁电流，失磁故障是发电机的常见故障之一。发电机失磁后将过渡到异步运行，转子出现滑差，定子电流增大，定子电压下降，有功功率下降，无功功率反向（原为过励运行时）并且增大；在转子回路中出现差频电流；电力系统的电压下降及某些电源支路过电流。这些电气量的变化都伴有一定程度的摆动。失磁故障不仅对发电机造成危害，而且对系统安全也会造成严重影响，因此必须装设失磁保护。

（二）发电机不正常运行及相应保护配置

发电机不正常运行主要有由于外部短路引起的定子绕组过电流；由于负荷等超过发电机额定容量而引起的三相对称过负荷；由于外部不对称短路或不对称负荷而引起的发电机负序过电流和过负荷；由于突然甩负荷引起的定子绕组过电压；由于励磁回路故障或强励时间过长而引起的转子绕组过负荷；由于导叶突然关闭而引起的发电机逆功率等。

发电机的异常运行状态的危害不如发电机故障严重，但危及发电机的正常运行，特别是随着时间的增长，可能会发展成故障。因此为防患于未然也要装设相应的保护。

定子绕组负荷不对称运行，会出现负序电流可能引起发电机转子表层过热，需装设定子绕组不对称负荷保护（转子表层过热保护）。定子绕组对称过负荷，装设对称过负荷保护（一般采用反时限特性）。转子绕组过负荷，装设转子绕组过负荷保护。

为防止发电电动机组在发电工况下出现深度反水泵运行，向系统吸收有功功率，因此要装设逆功率保护。

为防止过励磁引起发热而烧坏铁芯，应装设过励磁保护。

因系统振荡而引起发电机失步异常运行，危及发电机和系统安全运行，要装设失步保护。当振荡中心在发电机–变压器组内部，失步运行时间超过整定值或振荡次数超过规定值时，保护还动作于解列，并保证断路器断开时的电流不超过断路器允许开断电流。

（三）抽水蓄能机组特有工况及保护配置

抽水蓄能机组为可逆式机组，既可以作为发电机运行，也可以作为电动机运行，具有多种运行工况：发电工况、发电调相工况、抽水工况、抽水调相工况、抽水启动工况（又分为变频启动和背靠背启动，背靠背启动分为拖动工况和被拖动工况）、停机电制动工况（分为发电停机电制动工况和抽水停机电制动工况）以及停机稳态备用工况等。在电气主接线方面也有特殊的地方，在发电机出口断路器和主变压器之间设置换相隔离开关，为机组泵工况启动设计有启动母线及机组启动隔离开关和拖动隔离开关。为适应抽水蓄能机组特有的工况和电气主接线形式，配置有相应的保护。

为防止机组电动工况下，输入功率过低或失去电源，发电电动机应装设低功率保护。

为防止发电电动机调相运行时失去电源并作为电动工况低功率保护的后备装设低频保护，同时可以起到保护电网的作用。在电网用电负荷增大，发电容量不足，频率降低时及时切除泵工况运行的机组。

为应对同步启动过程中定子绕组及其连接母线设备的短路故障，应装设次同步保护。

为防止换相开关因故障或误操作造成发电电动机组电压相序与机组旋转方向不一致，可装设电压相序保护。

为防止发电机出口断路器拒动应装设断路器失灵保护。

二、发电机的差动保护

发电机差动保护是发电机的主保护，它是按比较发电机中性点 TA 与机端 TA 二次同名相电流的大小和相位构成。根据接入发电机中性点电流的份额（即接入全部中性点电流或只取一部分电流接入），可分为完全纵差保护和不完全纵差保护。

不完全纵差保护，适用于每相定子绕组为多分支的大型发电机。它除了能反映发电机相间短路故障，还能反映定子线棒开焊及分支匝间短路。

1. 保护原理

发电机差动保护由三个分相差动元件构成。若按由差动元件两侧输入电流的不同进行分类，可以分成完全纵差保护和不完全保护两类。其交流接入回路分别如图 1–1–1 所示。

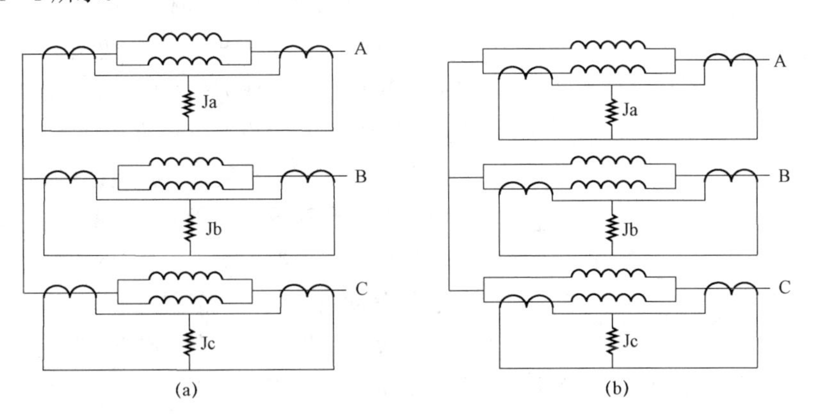

图 1–1–1　发电机差动保护的交流接入回路

Ja、Jb、Jc—发电机 A、B、C 三相的差动元件；A、B、C—发电机三相输入端子

由图 1-1-1 可以看出，发电机完全纵差保护与不完全纵差保护的区别是：对于完全纵差保护，在发电机中性点侧，输入到差动元件的电流为每相的全电流；而不完全差动保护，由中性点输入到差动元件的电流为每相定子绕组某一分支的电流。

比率制动式差动保护的动作电流是随着外部短路电流按比率增加，既能保证外部短路不误动，又能保证内部短路时有较高的灵敏度。其比率制动的动作方程为

$$\begin{cases} I_{op} > I_{op.0} & I_{res} \leqslant I_{res.0} \\ I_{op} > S(I_{res} - I_{res.0}) + I_{op.0} & I_{res} > I_{res.0} \end{cases} \quad (1-1-1)$$

完全纵差时 $I_{res} = \dfrac{|\dot{I}_T - \dot{I}_N|}{2}$，不完全纵差时 $I_{res} = \dfrac{|\dot{I}_T - K\dot{I}_{NF}|}{2}$

式中 I_{op} ——动作电流（即差流），完全纵差时 $I_{op} = |\dot{I}_T + \dot{I}_N|$，不完全纵差时 $I_{op} = |\dot{I}_T + K\dot{I}_{NF}|$；

I_{res} ——制动电流；

$\dot{I}_T$、$\dot{I}_N$、$\dot{I}_{NF}$ ——发电机机端 TA、中性点 TA 及中性点分支 TA 二次电流；

K ——分支系数，发电机中性点全电流与流经不完全纵差 TA 一次电流之比；

$I_{op.0}$ ——差动保护最小动作电流；

$I_{res.0}$ ——拐点电流；

S ——比率制动系数。

发电机差动保护比率制动特性曲线如图 1-1-2 所示，该保护可靠躲过外部故障时的不平衡电流，能有效地防止区外故障误动，又能保证内部短路时有较高的灵敏度，故比例制动特性曲线的测试是整套保护装置的重点。

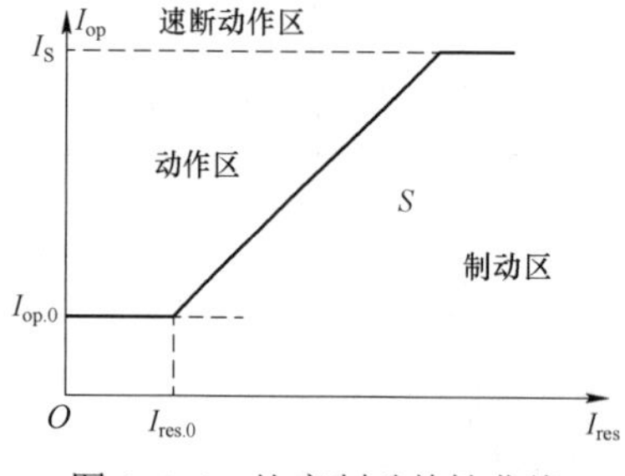

图 1-1-2　比率制动特性曲线

I_S—差动速断保护动作电流

2. 抽水蓄能机组的差动保护配置

抽水蓄能电站的发电机–变压器组一般采用的是一机一变的单元接线方式，中间设有断路器。发电机和主变压器均应设有单独的差动保护。为保证在故障时保护能够可靠动作，发电机和主变压器的差动保护双重化配置，如图 1-1-3 所示，以确保在发电工况和电动工况下均有两套差动保护在工作，但两套纵差动保护在保护范围上存在区别：发电机 A 套的纵差动保护范围仅为发电机，发电机 B 套的纵差动保护范围为发电机和断路器；主变压器 A 套的差动保护范围仅为主变压器，主变压器 B 组的差动保护范围为主变压器、断路器和换相开关。另外主变压器的 B 套差动保护采用在发电、抽水工况时进行 TA 内部换相或者配有两套变压器差动保

护装置，一套用于发电工况，一套用于泵工况。采取这样配置是因为主变压器 B 套差动保护范围涵盖了换相开关，发电工况和泵工况虽然用的是同样的 TA，但电流的相序已发生变化。

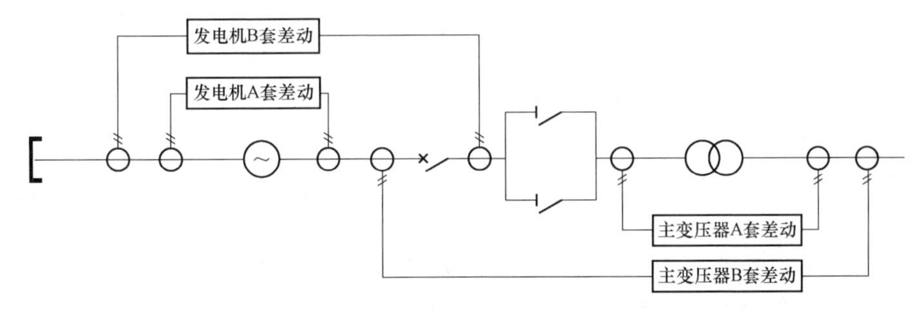

图 1–1–3　发电机–变压器组差动保护配置图

3. 动作逻辑

发电机比率差动的逻辑如图 1–1–4 所示。

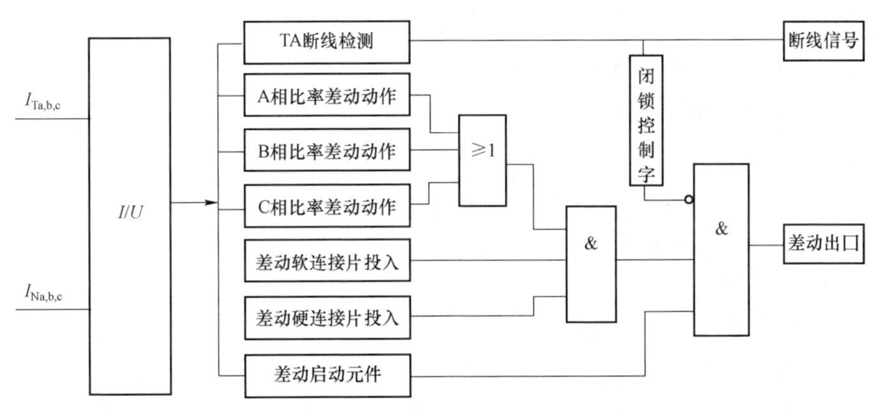

图 1–1–4　发电机比率差动的逻辑框图

三、横差保护

发电机横差保护是发电机定子绕组匝间短路（同分支匝间短路及同相不同分支之间的匝间短路）、线棒开焊的主保护，也能保护定子绕组相间短路。发电机横差保护，有单元件横差保护（又称高灵敏度横差保护）和裂相横差保护两种。

1. 单元件横差保护

单元件横差保护适用于每相定子绕组为多分支，且有两个或两个以上中性点引出线的发电机。

（1）构成原理。发电机单元件横差保护的输入电流，为发电机两个中性点连线上的 TA 二次电流。以每相定子绕组有两分支的发电机为例，其交流输入回路示意图如图 1–1–5 所示。

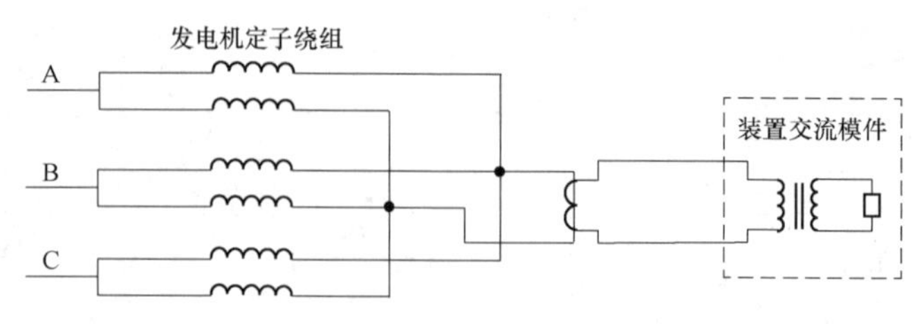

图 1–1–5　单元件横差保护示意图

以发电机定子绕组每相有两个分支为例，在中性点侧每相的两个分支各引出一个接头，每相有两个，共有六个接头。这样发电机的三相就可以组成两个星形的中性点，两个中性点的连线上设置一个 TA。发生匝间短路或定子绕组开焊时，中性点连线上就会有不平衡电流流过，保护装置在检测到电流超过定值时动作于停机、解列、灭磁。

（2）保护整定。整定值以躲过发电机正常运行以及发电机出口发生三相金属性短路的最大不平衡电流进行整定。

1）最小动作电流的整定

$$I_{op.0}=K_{rel}I_{unb.2} \tag{1–1–2}$$

式中　$I_{op.0}$ ——水轮发电机横差保护的动作电流；

$I_{unb.2}$ ——水轮发电机的不平衡电流；

K_{rel} ——可靠系数。

不平衡电流产生的原因是多方面的，有机械的、电磁的、结构方面的，还有运行方面的，所以无法精确计算，必须依赖于现场实测。

2）保护延时。高灵敏横差保护不设动作延时，但当励磁回路一点接地后，为防止励磁回路发生瞬时性第二点接地故障使横差保护误动，应切换为带 0.5～1.0s 延时动作于停机。

（3）动作逻辑。单元件横差保护动作逻辑如图 1–1–6 所示。

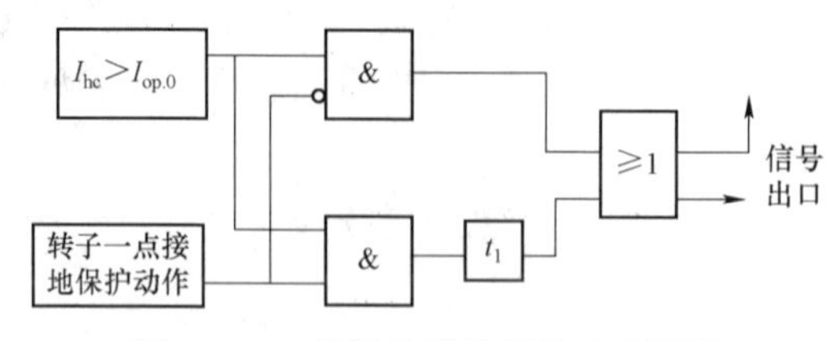

图 1–1–6　单元件横差保护动作逻辑

2. 裂相横差保护

裂相横差保护，又称三元件横差保护。实际上是分相横差保护。

（1）构成原理及动作特性。以每相定子绕组有两分支的发电机为例，其交流输入回路示意图如图 1–1–7 所示。

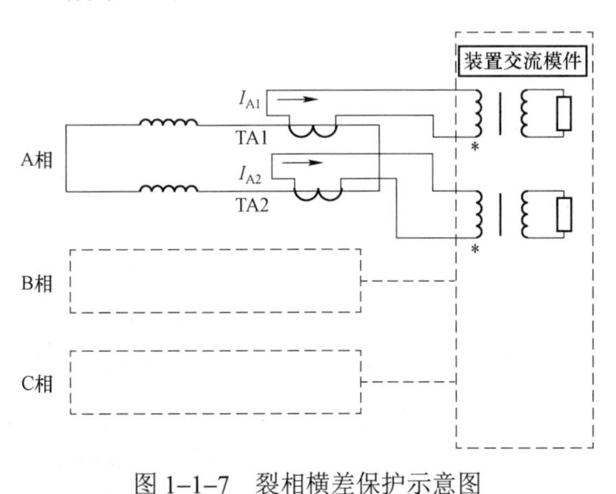

图 1–1–7　裂相横差保护示意图

裂相横差保护的实质是：将每相定子绕组的分支回路分成两组，并通过两组 TA 将各组分支电流之和，反极性引到保护装置中计算差流。当差流大于整定值时，保护动作。

具有比率制动特性的动作方程如下

$$\left.\begin{aligned} &I_{op} \geqslant I_{op.0} && (I_{res} \leqslant I_{res.0}) \\ &I_{op} \geqslant I_{op.0} + \frac{K_{rel}(I_{res} - I_{res.0})}{I_{res.0}} \times I_{op.0} && (I_{res} > I_{res.0}) \end{aligned}\right\} \quad (1\text{–}1\text{–}3)$$

式中　I_{op} ——横差动作电流；

$I_{op.0}$ ——横差最小动作电流整定值；

I_{res} ——制动电流（取机端三相电流最大值）；

$I_{res.0}$ ——最小制动电流整定值；

K_{rel} ——可靠系数。

比率制动式裂相横差保护的动作特性如图 1–1–8 所示。

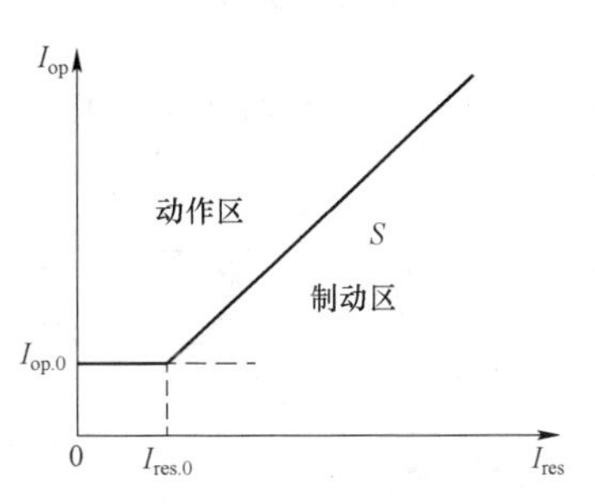

图 1–1–8　比率制动式裂相横差保护的动作特性

（2）保护整定。

1）最小动作电流的整定

$$I_{op.0} = K_{rel}(I_{unb.1} + I_{unb.2}) \quad (1\text{–}1\text{–}4)$$

式中　$I_{unb.1}$ ——额定负荷状态下 TA 的幅值误差造成

的不平衡电流；

$I_{unb.2}$——水轮发电机各相并联分支配置在不同的定子槽中，各槽对应的定转子间气隙磁场大小不同而造成的不平衡电流；

$(I_{unb.1}+I_{unb.2})$——可在发电机满负荷工况下实测得到。

2）最小制动电流的整定

$$I_{res.0}=(0.8\sim1.0)I_{gN}/N_n \tag{1-1-5}$$

式中　N_n——机端TA变比。

3）比率制动系数的整定：为保证在外部短路时，最大穿越性三相短路电流造成的不平衡电流不使保护动作，一般理论计算值都偏小，工程应用都取较大值，如0.4～0.5。

4）每相定子绕组分支数为奇数时，由于两组TA所在的分支数不同，需引入平衡系数。裂相横差平衡系数的计算，见表1-1-1。

表1-1-1　　裂相横差平衡系数的计算

名称	平衡系数	
	中性点分支1	中性点分支2
TA一次电流	$\frac{\alpha_1}{\alpha}I_{gN}$	$\frac{\alpha_2}{\alpha}I_{gN}$
TA二次电流	$\frac{\alpha_1 I_{gN}}{\alpha N_{n1}}$	$\frac{\alpha_2 I_{gN}}{\alpha N_{n2}}$
平衡系数	$K_1=\frac{N_{n1}}{N_b}$	$K_2=\frac{\alpha_1 N_{n2}}{\alpha_2 N_b}$

注　α_1为分支1并联分支数；α_2为分支2并联分支数；α为每相并联总分支数；N_b为基准变比，取两者的最大值；I_{gN}为发电机一次额定电流；N_{n1}为TA1的变比；N_{n2}为TA2的变比。

（3）动作逻辑。裂相横差保护逻辑如图1-1-9所示。

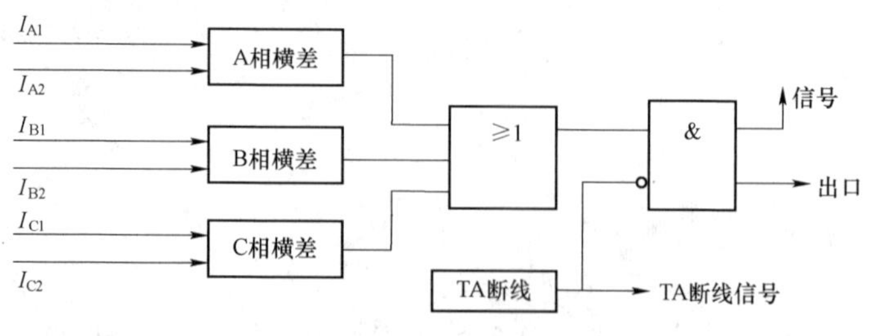

图1-1-9　裂相横差保护逻辑框图

四、定子接地保护

1. 基波零序电压式定子接地保护

基波零序电压式定子接地保护的保护范围为由机端至机内 95%左右的定子绕组单相接地故障，可作小机组的定子接地保护，也可与三次谐波定子接地保护合用，组成大、中型发电机的 100%定子接地保护。

（1）保护构成原理。保护接入 $3U_0$ 电压，取自发电机机端 TV 开口三角绕组两端，或取自发电机中性点单相 TV（或配电变压器或消弧线圈）的二次。其交流接入回路如图 1–1–10 所示。

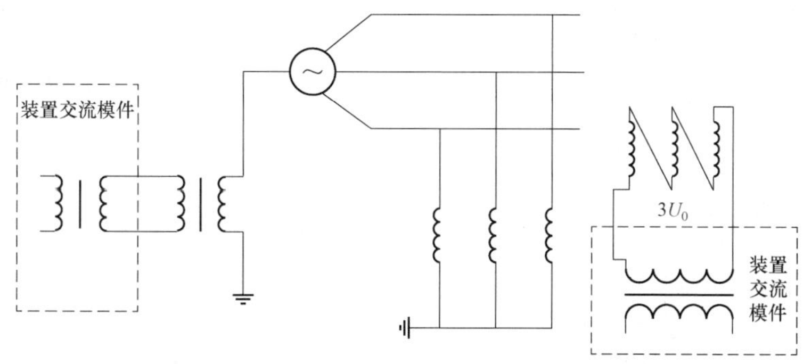

图 1–1–10　零序电压式定子接地保护交流接入回路

动作方程为

$$\left|3\dot{U}_0\right| > U_{op} \tag{1–1–6}$$

式中　$3\dot{U}_0$——机端 TV 开口三角电压或中性点 TV（或消弧线圈）二次电压；

U_{op}——动作电压整定值。

按照《水力发电厂继电保护设计规范》（NB/T 35010—2013），中性点经单相电压互感器接地方式的单相接地零序过电压保护装置按下述原则整定：

1）动作电压躲过正常运行情况下的不平衡电压，一般取 10～15V；

2）保护区约为 90%；

3）保护动作时间 t 为 1～1.5s。

根据近年发生的故障情况，基波零序电压式定子接地保护应视作主保护，动作时间建议整定为 0.2s。

（2）动作逻辑。零序电压式定子接地保护逻辑如图 1–1–11 所示。

2. 发电机三次谐波电压式定子接地保护

三次谐波电压式定子接地保护范围是反映发电机中性点向机内 20%～25%定子绕组单相接地故障，可与零序基波电压式定子接地保护联合构成 100%的定子接地保护。

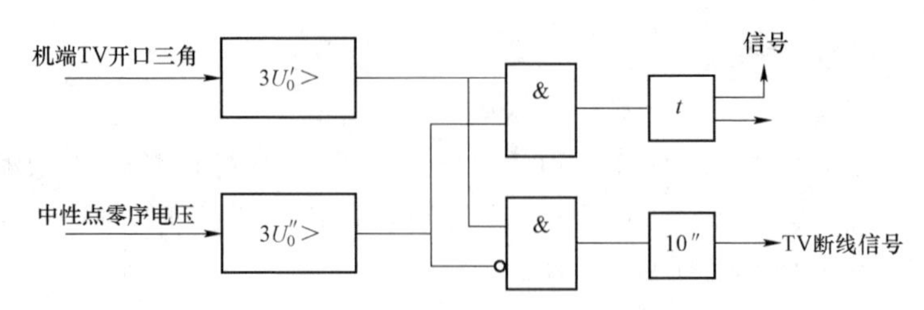

图 1-1-11　零序电压式定子接地保护逻辑框图

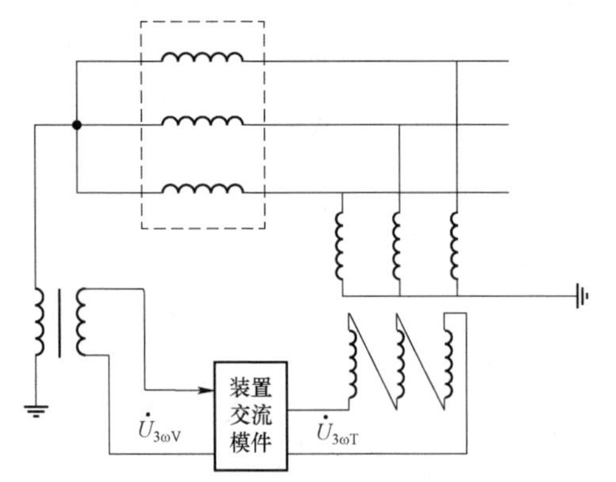

图 1-1-12　三次谐波定子接地保护交流接入回路

（1）构成原理。三次谐波电压式定子接地保护，由比较发电机中性点及机端三次谐波电压的大小和相位构成。其交流接入回路如图1-1-12所示。

机端三次谐波电压取自机端开口三角零序电压，中性点侧三次谐波电压取自发电机中性点 TV。

三次谐波保护动作方程

$$U_{3T}/U_{3N} > K_{3\omega ZD} \quad (1-1-7)$$

式中　U_{3T}、U_{3N} ——机端和中性点三次谐波电压值；

$K_{3\omega ZD}$ ——三次谐波电压比值整定值。

机组并网前后，机端等值容抗有较大的变化，因此三次谐波电压比率关系也随之变化。本装置在机组并网前后各设一段定值，随机组出口断路器位置接点变化自动切换。

三次谐波电压比率判据可选择动作于跳闸或信号。

（2）逻辑框图。三次谐波式定子接地保护的逻辑框图如图 1-1-13 所示。

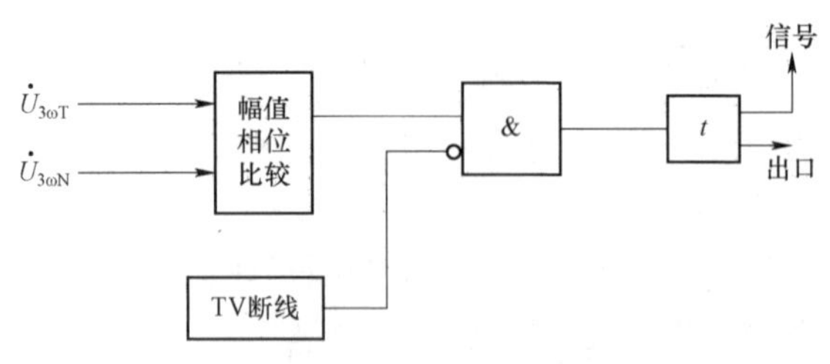

图 1-1-13　三次谐波定子接地保护逻辑框图

3. 外加 20Hz 电源注入式定子接地保护

外加 20Hz 电源注入式定子接地保护从中性点接地变压器二次侧接入低频电源，也可从机端 TV 开口三角二次侧接入低频电源，构成外加电源式定子接地保护回路。发电机正常运行时三相定子绕组对地绝缘，20Hz 电源只产生很小的电容电流；而发生定子单相接地故障时，定子回路零序阻抗减小，20Hz 电源将产生较大的电流使保护动作。

（1）构成原理。低频（20Hz）交流电压源在经过一个带通滤波器后通过发电机中性点的接地变压器注入发电机定子绕组内，如果发电机发生接地故障，20Hz 电压将产生通过故障电阻的电流，根据故障电流保护继电器便能确定故障电阻的大小。如图 1–1–14 所示，T48 为一小型变压器，T47 为 TA；U_e 和 I_{ee1} 分别为注入的电压和故障电流。此功能主要取决于接地故障中出现的系统频率位移电压，并监测包括发电机中性点在内的所有绕组中的接地故障。测量原理完全不受发电机运行方式的影响，即使发电机在静止状态也可以进行测量。但是接地电阻的测量在 10～40Hz 之间是闭锁的，因为在此频率范围内，由发电机在开机或停机减速过程中所产生的零电压会与连接的 20Hz 电压叠加，造成测量误差和超功能运行。但在整个范围内，接地电流的测量是有效的。

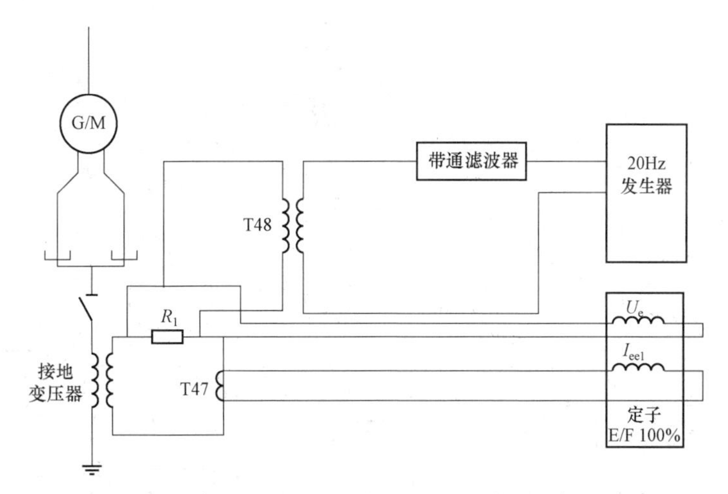

图 1–1–14　外加 20Hz 电源注入式定子接地故障保护示意图

（2）接地电阻定子接地判据。接地电阻判据与定子绕组的接地点无关，可以反映发电机 100%的定子绕组单相接地故障。

接地电阻判据反映发电机定子绕组接地电阻的大小，设有两段接地电阻定值，高定值段作用于报警，低定值段作用于延时跳闸，延时可分别整定。其动作方程为

$$R_E < R_{EsetL} \qquad (1–1–8)$$

报警判据为

$$R_{E} < R_{EsetH} \tag{1-1-9}$$

式中 R_{E} ——发电机定子绕组接地电阻；

R_{EsetH} ——发电机定子绕组接地电阻的高定值。

一般设置定子一次接地电阻在 4kΩ 时报警，1kΩ 时跳闸停机。

（3）接地电流定子接地判据。考虑到当接地点靠近发电机机端时，检测量中的基波分量会明显增加，导致检测量中低频故障分量的检测灵敏度受到影响。为了提高此种情况下保护的灵敏度，增设接地电流辅助判据。接地电流判据能够反映距发电机机端 80%~90%的定子绕组单相接地，而且接地点越靠近发电机机端其灵敏度越高，因此能够很好地与接地电阻判据构成高灵敏的 100%定子接地保护方案。

接地电流判据反映发电机定子接地电流的大小，其动作方程为

$$I_{G0} > I_{Eset} \tag{1-1-10}$$

式中 I_{G0} ——发电机定子接地电流（不经数字滤波）；

I_{Eset} ——接地电流段定值。

一般接地电流段定值整定为保护范围的 85%。

接地电流段定值

$$I_{Eset}=(1-85\%)\times\frac{U_{NSEC}}{\sqrt{3}R}\times\frac{1}{K_{TA}} \tag{1-1-11}$$

式中 U_{NSEC} ——发电机中性点接地变压器二次额定电压；

R ——中性点变压器二次并联电阻值；

K_{TA} ——中性点变压器二次侧 TA 变比。

（4）动作逻辑。外加电源式定子接地保护逻辑如图 1-1-15 所示。

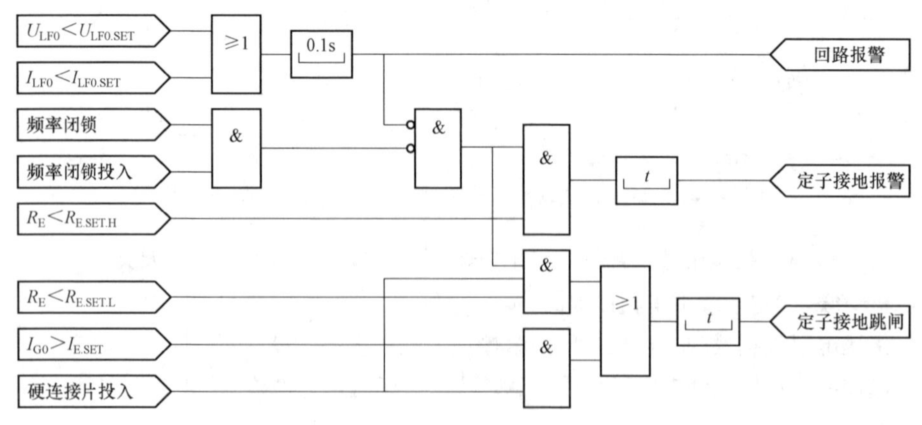

图 1-1-15 外加电源式定子接地保护逻辑框图

五、转子接地保护

1. 切换采样原理（乒乓式）转子接地保护

采用乒乓式开关切换原理，通过求解两个不同的接地回路方程，实时计算转子接地电阻值和接地位置。原理图如图 1–1–16 所示。其中：S1、S2 为由微机控制的电子开关，R_g 为接地电阻，a 为接地点位置，E 为转子电压（考虑它的变化，新的电动势以 E'表示）。两个降压电阻 R，一个测量电阻 R_1。

计算接地位置并记忆，为判断转子两点接地做准备。为防止保护误动及计算溢出，特设启动判据：E>40V。

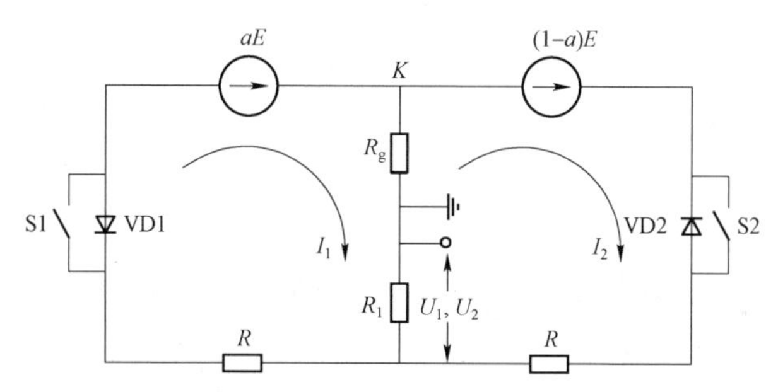

图 1–1–16　转子一点接地保护切换采样原理接线图

当 R_g 小于或等于接地电阻整定值时，经延时发转子一点接地信号或作用于跳闸。

2. 注入式转子接地保护

转子接地保护以约 50V 的正向电压工作，极性在每秒 1～4 次间倒换，具体要取决于设定。原理图如图 1–1–17 所示。注入转子回路的电压 U_g 是 7XT7100 控制装置中产生的，电压通过电阻器装置 7XR6004 中的高电阻与励磁回路耦合，还通过低电阻的测量分流器 R_m 连接到转子的接地炭刷。测量电压通过测量 R_m 的电压获得，并馈送到保护装置。控制电压在幅度和频率方面与注入的 50V 电压 U_g 成正比。流经转子的接地电流由测量电压模拟得到。由于励磁回路存在接地电容，正向电压 U_g 极性每次倒换时，就会有充电电流 I_g 通过电阻器装置到达励磁回路，测量电压与此电流的下降成正比，一旦转子接地电容充满电，充电电流即降为零。当转子有接地故障时就会有连续的电流，其大小是由转子回路的接地电阻决定的。保护装置通过控制电压和模拟得到的电流计算出接地电阻值，现保护设定值为：高报警值 40kΩ，低报警值为 5kΩ。使用低频方波电压可以消除转子接地电容器的影响并同时确保有足够的裕度对抗来自励磁系统的频率干扰信号。

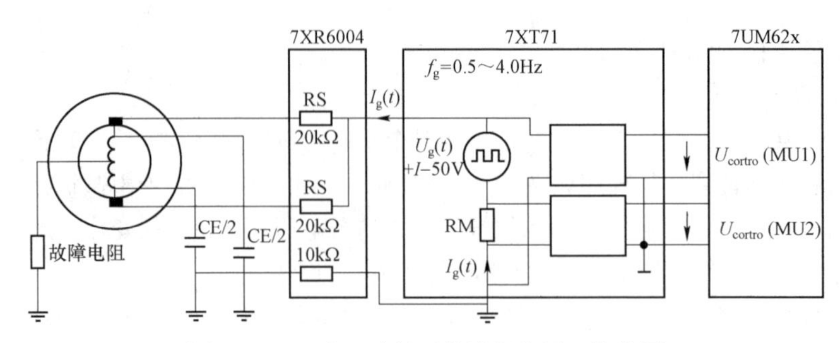

图 1-1-17 注入式转子接地保护原理接线图

CE—接地电容值；RS—电阻器；U_g—方波电压（7XT71）；
I_g—转子接地电流（7XT71）；f_g—7XT71 方波频率

注意：乒乓式或外加电源转子接地保护双重化配置时只允许投入其中一套。

六、失磁保护

1. 阻抗原理的失磁保护

（1）静稳极限励磁电压 U_{fd}–P 主判据。该判据的优点是：凡是能导致失步的失磁初始阶段，由于 U_{fd} 快速降低，U_{fd}–P 判据可快速动作；在通常工况下失磁，U_{fd}–P 判据动作大约比静稳边界阻抗判据动作提前 1s 以上，有预测失磁失步的功能，显著提高机组减出力或切换励磁的效果。系统网络如图 1-1-18 所示。

U_{fd}–P 判据的动作方程为

$$U_{fd} \leqslant K_{set}(P - P_t) \tag{1-1-12}$$

$$K_{set} = \frac{P_N}{P_N - P_t} \times \frac{C_N X_{d\Sigma} U_{fd0}}{U_s E_{d0}}$$

$$P_t = \frac{U_s^2 (X_d - X_q)}{2(X_d + X_{st})(X_q + X_{st})}$$

$$C_N = \frac{\cos 2\delta_{jN}}{\sin^3 \delta_{jN}}$$

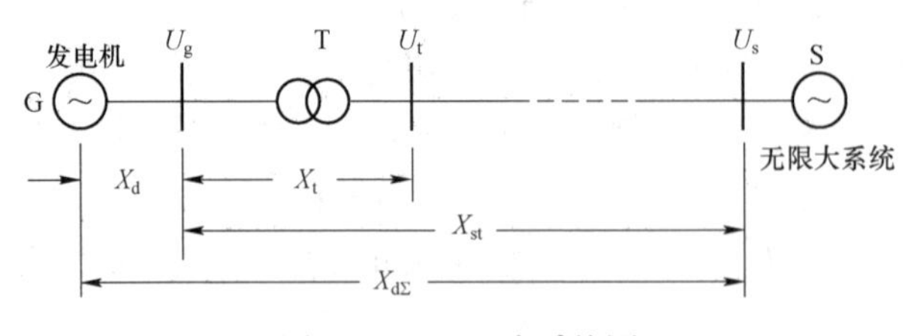

图 1-1-18 一次系统图

式中 K_{set}——整定系数，即为 U_{fd}–P 平面上动作特性直线的斜率，V/W；

P——发电机有功功率，W；

P_N——发电机额定功率，W；

P_t——发电机凸极功率，W；

U_s——无限大系统母线电压归算到发电机机端电压的值，V；

E_{d0}——发电机空载电势，V；

U_{fd}——发电机励磁电压，V；

U_{fd0}——发电机空载励磁电压，V；

$X_{d\Sigma}$——归算到机端电压的值，$X_{d\Sigma}=X_d+X_{st}$（其中 X_{st} 为机端至无限大系统母线间的联系电抗），Ω；

X_d——发电机同步电抗，Ω；

X_q——发电机 q 轴同步电抗，Ω；

C_N——额定有功时的修正系数；

δ_{jN}——发电机额定有功时极限功率角，应用时，无须计算，而以 $K_N=P_N/P_t$ 值查表或查曲线可得 C_N 值。

$U_{fd}-P$ 判据的动作特性为斜直线，见图 1–1–19；$U_{fd}-P$ 判据在失磁失步后可能抖动，应采取自保持或延时返回的措施保证其输出稳定；$U_{fd}-P$ 判据在系统短路暂态过程中及系统振荡中可能误动，应采取适当闭锁措施保证不误出口。

（2）定励磁低电压辅助判据。为了保证在机组空载运行及 $P<P_t$ 的轻载运行情况下失磁时保护能可靠动作，或为了全失磁及严重部分失磁时保护能较快出口，附加装设整定值为固定值的励磁低电压判据，简称为“定励磁低电压判据”，其动作方程为

$$U_{fd} \leqslant U_{fd.set} \tag{1-1-13}$$

式中 $U_{fd.set}$——励磁低电压动作整定值，整定为（0.2～0.8）U_{fd0}，一般可取 $U_{fd.set}=0.8U_{fd0}$，V。

若“定励磁低电压判据”单独出口，还需采取“$I<0.06I_N$”的闭锁措施，以防止发电机并网过程及解列过程中失磁保护误出口。

在系统短路等大干扰及大干扰引起的系统振荡过程中，“定励磁低电压判据”不会误动作。

定励磁低电压判据的动作特性曲线如图 1–1–19 中的水平直线部分。

（3）静稳边界阻抗主判据。阻抗扇形圆动作判据匹配发电机静稳边界圆，采用 0°接线方式（$\dot{U}_{ab}$、$\dot{I}_{ab}$），动作特性如图 1–1–20 所示，发电机失磁后，机端测量阻抗轨迹由图 1–1–20 中第Ⅰ象限随时间进入第Ⅳ象限，达静稳边界附近进入圆内。

静稳边界阻抗判据满足后，至少延时 1～1.5s 发失磁信号、减出力或跳闸，延时 1～1.5s 的原因是躲开系统振荡。扇形与 R 轴的夹角 10°～15°为了躲开发电机出口经过渡电阻的相间短路，以及躲开发电机正常进相运行。

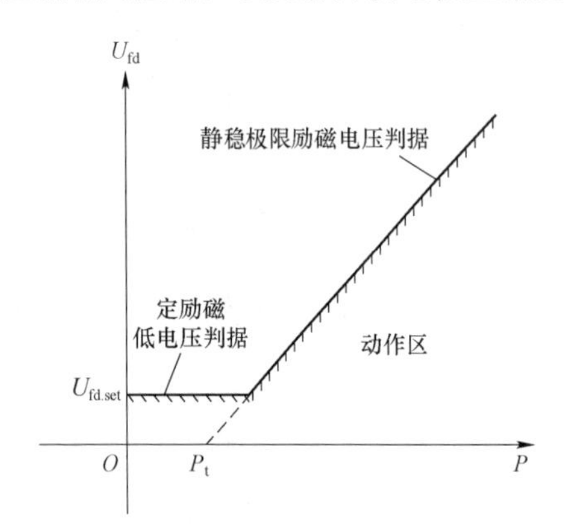

图 1–1–19　U_{fd}–P 判据及定励磁低电压判据动作特性曲线

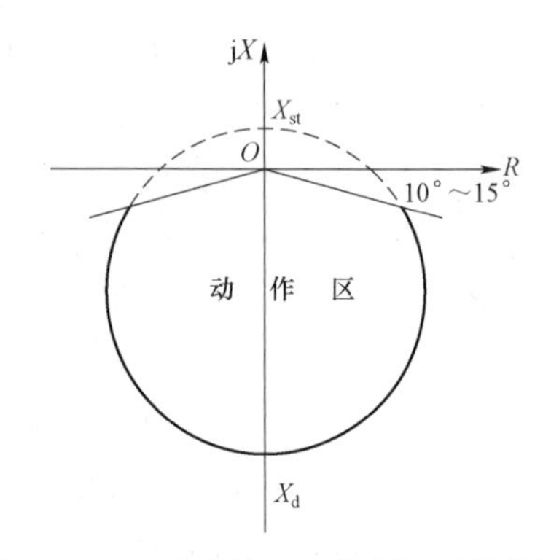

图 1–1–20　静稳边界阻抗判据动作特性

需指出，发电机产品说明书中所刊载的 X_d 值是铭牌值，用 “$X_{d（铭牌）}$” 符号表示，它是非饱和值，是发电机制造厂以机端三相短路但短路电流小于额定电流的情况下试验取得的，误差大。

为了防止失磁保护误动，在静稳扇形、U_{fd}–P 失磁保护判据的整定计算中采用的 X_d 值为 $X_d=X_{d（铭牌）}/1.3$。

（4）稳态异步边界阻抗判据。发电机发生凡是能导致失步的失磁后，总是先到达静稳边界，然后转入异步运行，进而稳态异步运行。该判据的动作圆为下抛圆，它匹配发电机的稳态异步边界圆。特性曲线如图 1–1–21 所示。

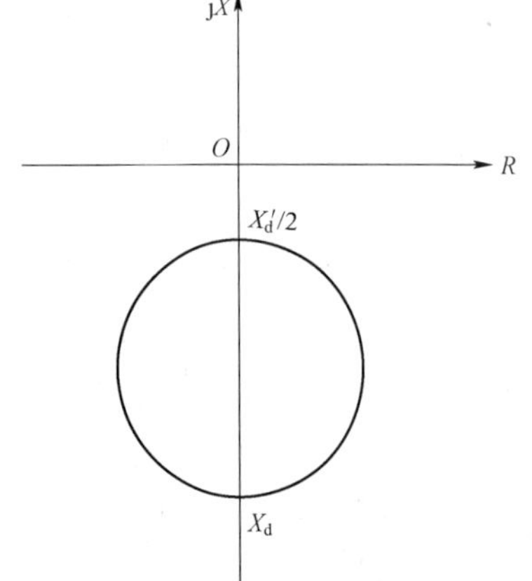

图 1–1–21　异步阻抗特性曲线

（5）主变压器高压侧三相同时低电压判据。发电机失磁后，可能引起主变压器高压侧（系统）电压降低，引发局部电网电压崩溃，因此，在失磁保护配置方案中，应有“三相同时低电压”判据。为防止该判据误动，该判据应与其他辅助判据组成“与”门出口。

此判据主要判断失磁的发电机对系统电压（母线电压）的影响。

$$U_t \leqslant U_{t.set} \quad (1–1–14)$$

式中　$U_{t.set}$——主变压器高压侧电压整定值，一般可取（0.80～0.90）U_{tN}。

某些场合发电机失磁后，主变压器高压侧电压不可能降低到整定值以下，则该判据也可改为“发电机机端三相同时低电压判据”，即$U_g \leqslant U_{g.set}$，$U_{g.set}$可取（0.75～0.90）U_{gN}。采用机端三相低电压判据有时为了保证厂用电，有时仅为了与 U_{fd}–P（或静稳阻抗判据）组成“与”门出口，以防止由于 U_{fd}–P（或静稳阻抗）单独出口时可能发生的误动作，因此选择 $U_{g.set}$ 有较广泛的灵活性。

（6）机端过电压判据。发电机在突然甩负荷等过电压情况下，会强行减励，使 U_{fd} 突降，可能引起 U_{fd}–P 判据或定励磁低电压判据误动，故采取机端过电压判据且动作后延时 4～6s 返回的闭锁措施来防止失磁保护误出口。

$$U_g \geqslant (1.1 \sim 1.25)U_{gN} \qquad (1–1–15)$$

式中　U_{gN}——发电机机端额定电压。

考虑发电机失磁故障对机组本身和系统造成的影响，应根据机组在系统中的作用和地位以及系统结构，合理选择失磁保护动作判据。

常用失磁保护方案如图 1–1–22 所示。

该方案的优点是：全失磁或部分失磁失步，“或”门动作，切换励磁（或减出力）并发失磁信号，经 t_2=2.5～3s 若切换励磁（或减出力）失败，则跳闸，这个长延时 t_2 是为了给切换励磁一个时间。该方案简单，可靠适用。

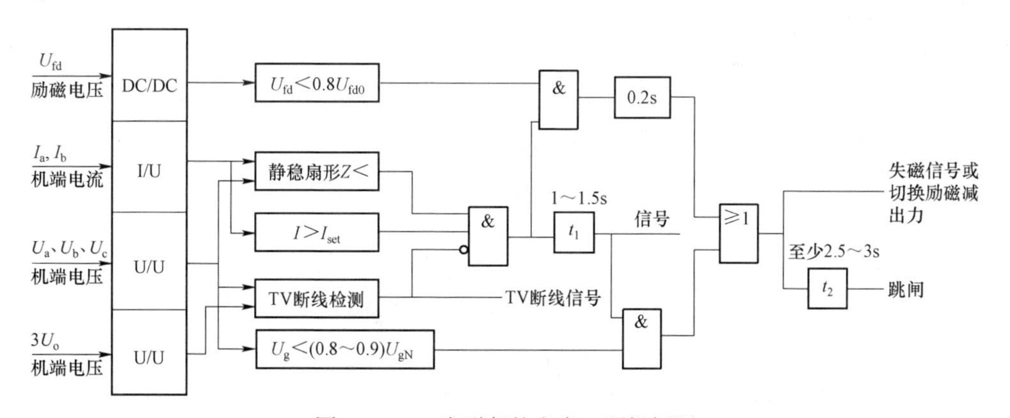

图 1–1–22　失磁保护方案一逻辑框图

2. 导纳原理的失磁保护

为了检测发电机的失磁状态，西门子的保护装置需要同时检测发电机的定子回路和转子回路，通过电压、电流的正序分量计算出阻抗的倒数——导纳。在导纳水平上，机组的稳定程度与电压无关，所以保护特性可以和机组的稳定性做最佳的匹配。通过计算正序系统，无论在机组外还是机组内的不同步故障下都能可靠地检测到失磁状态。失磁的跳闸特性类似于发电机性能曲线中的失磁限制曲线。失磁定值设定的依据是发电机厂提供的进相运行无功功率的大小确定的失磁跳闸曲线。励磁系统的失磁限制先于失磁跳闸启动。在设定时应该将机组的额定数据转化为二次值。计算公式如下

$$\lambda = 1/X_{\mathrm{dsec}} = \frac{100Q}{U_{\mathrm{n}}^2 \bullet \sqrt{3}} \bullet \frac{TR_{\mathrm{U}}}{TR_{\mathrm{I}}} \bullet C \tag{1-1-16}$$

式中 X_{dsec} ——发电机直轴同步电抗二次值，Ω；

Q ——无功功率，Mvar；

U_{n} ——机组出口电压，kV；

TR_{U} ——TV 变比；

TR_{I} ——TA 变比；

C ——安全系数。

此保护设定有三个独立特性，如图 1–1–23 所示，特性 1、特性 2 处于机组的静态稳定区域内，取较长的相同延时（10s）跳闸，延时是为了确保励磁系统有足够的时间来恢复励磁电流。特性 3 处于机组的动态稳定区域，如果超过这一特性，机组将不再稳定运行，因此此时的跳闸延时很短（0.5s）。失磁保护还具有监视励磁电压的功能，一旦励磁电压小于设定的最小值，将经过短延时（1.0s）后跳闸。

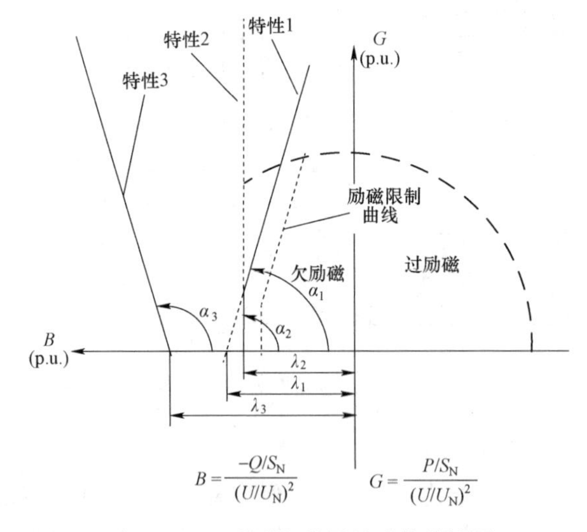

图 1–1–23 失磁保护导纳动作特性图

七、失步保护

失步保护反映发电机失步振荡引起的异步运行。

失步保护阻抗元件计算采用发电机正序电压、正序电流，阻抗轨迹在各种故障下均能正确反映。

保护采用三元件失步继电器动作特性，如图 1–1–24 所示。

第一部分是透镜特性，图中①，它把阻抗平面分成透镜内的部分 I 和透镜外的部分 O；第二部分是遮挡器特性，图中②，它把阻抗平面分成左半部分 L 和右半部分 R。

两种特性的结合，把阻抗平面分成四个区 OR、IR、IL、OL（Ⅰ、Ⅱ、Ⅲ、Ⅳ），阻抗轨迹顺序穿过四个区（OL→IL→IR→OR 或 OR→IR→IL→OL），并在每个区停留时间大于一时限，则保护判为发电机失步振荡。每顺序穿过一次，保护的滑极计数加 1，到达整定次数，保护动作。

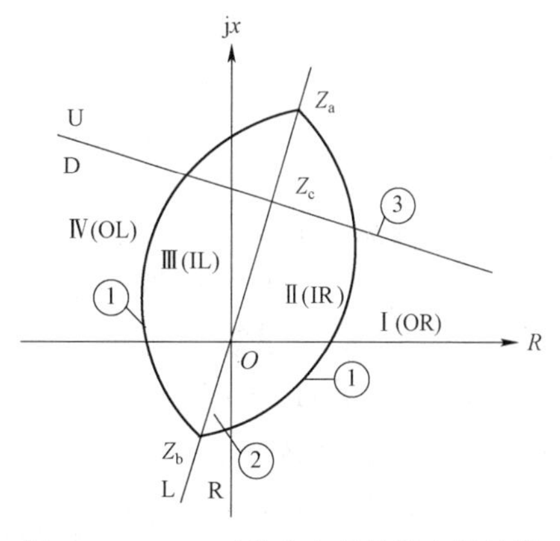

图 1–1–24　三元件失步保护继电器特性

第三部分特性是电抗线，图中③，它把动作区一分为二，电抗线以上为Ⅰ段（U），电抗线以下为Ⅱ段（D）。阻抗轨迹顺序穿过四个区时位于电抗线以下，则认为振荡中心位于发电机–变压器组内，位于电抗线以上，则认为振荡中心位于发电机–变压器组外，两种情况下滑极次数可分别整定。

保护可动作于报警信号，也可动作于跳闸。

失步保护可以识别的最小振荡周期为 120ms。

八、逆功率保护

逆功率保护按发电工况接线，方向指向发电机。

逆功率保护的输入量为机端 TV 二次三相电压及发电机 TA 二次三相电流。当发电机吸收有功功率超过设定值时动作。逻辑框图如图 1–1–25 所示。

对抽水蓄能机组逆功率保护在发电工况时投入，电动工况及同步启动过程保护应闭锁。动作功率取 0.05～0.25 倍的额定功率，保护动作时间 t 为 3～9s。

九、低功率保护

按照《水力发电厂继电保护设计导则》（DL/T 5177—2018），发电电动机的低功率保护，由一个功率继电器和导水叶开度为零时断开的导叶位置辅助触点逻辑组成，功率继电器按照电动机工况接线。保护在抽水工况时投入，在发电工况及同步启动过程中保护应闭锁。低功率保护的动作功率一般整定为 $(0.05\sim0.2)P_{NM}$，时限为 1～2s；保护出口动作于停机。在定值整定时要考虑到机组 *CP* 转 *P* 过程中的不会误动。

低功率保护逻辑如图 1–1–26 所示。

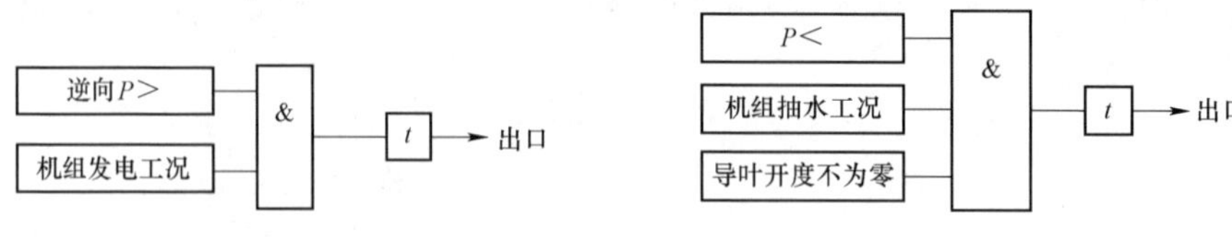

图 1–1–25　逆功率保护逻辑框图　　图 1–1–26　低功率保护逻辑框图

十、过励磁保护

过励磁保护是用来检测会损害发电机和主变压器的过励磁状态。过励磁保护反映于实际工作磁密和额定磁密之比（过励磁倍数）而动作。磁密太高会导致铁芯很快地饱和产生大的涡流损耗。由于磁感应密度正比于电压/频率，因此就可以通过测量电压/频率来检测过励磁状态。发电机和主变压器的整定值都是根据厂家提供的带负荷时的过励磁曲线来整定。

计算公式如下

$$U_{\mathrm{f}}=\frac{U}{f}=\frac{B}{B_{\mathrm{N}}}=\frac{U_{*}}{f_{*}} \tag{1–1–17}$$

式中　　U_{f}——过励磁倍数；

B、B_{N}——分别为铁芯工作磁密及额定磁密；

U、f、U_{*}、f_{*}——电压、频率及其以额定电压及额定频率为基准的标幺值。

过励磁保护由定时限段和反时限段组成。其动作特性如图 1–1–27 所示。通常，定时限用于发信号，或发信号并减励磁，反时限用于切除发电机或变压器。

当电机制造厂提供发电机或变压器过励磁能力曲线时，反时限过励磁保护的动作值应与过励磁能力曲线相配合；而对于制造厂没提供过励磁能力曲线的发电机或变压器，其反时限过励磁保护的整定，可以参照发电机或变压器过电压能力曲线整定。

另外，对于单元接线的发电机、变压器，可只装一套过励磁保护，按发电机及变压器两者之中过励磁能力较低的进行整定。

（1）定时限过励磁保护 U_{s} 及 t_{s} 的整定。定时限过励磁倍数，可按发电机或变压器额定电压/额定频率的（1.1～1.2）倍来整定动作，延时可取 6～9s。

（2）反时限过励磁保护定值。与发电机或变压器允许的过励磁能力曲线或允许的过电压能力曲线相配合。其动作整定曲线如图 1–1–28 所示。

通常，可按照曲线 2 低于曲线 1 的（10～15）%的原则来整定。

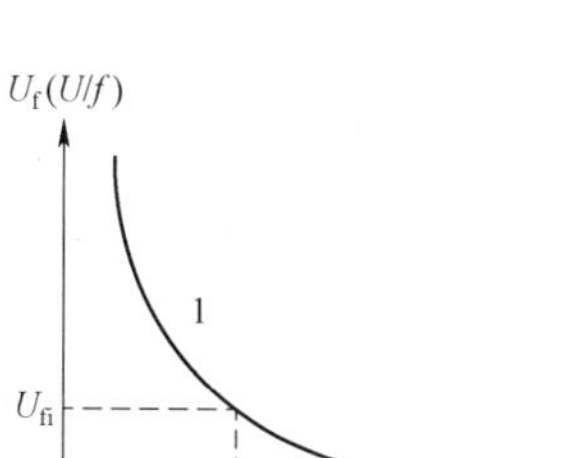

图 1–1–27　过励磁保护动作特性

曲线 1—过励磁保护反时限动作特性；

曲线 2—过励磁保护定时限动作特性

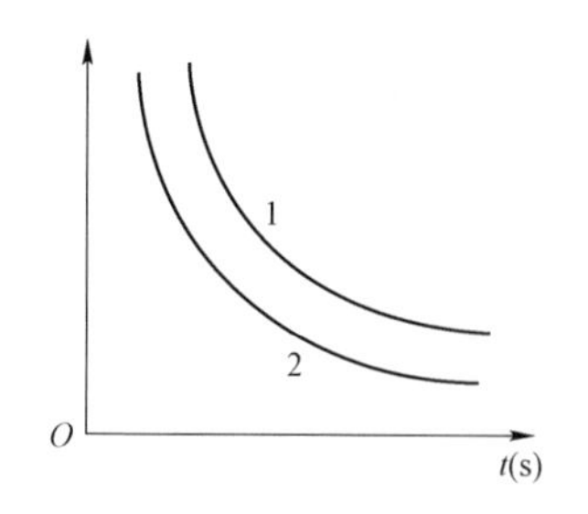

图 1–1–28　反时限过励磁保护动作整定曲线

曲线 1—厂家提供的发电机或变压器允许的过励磁能力曲线或过电压曲线；

曲线 2—反时限过励磁保护动作整定曲线

十一、低电压记忆过电流保护与复合电压过电流保护

1. 低电压记忆过电流保护

低电压记忆过电流保护主要作为自并励发电机的后备保护。

（1）构成原理。由低电压元件和三相过电流元件构成。三相电流元件动作后，低电压元件也同时动作，经“与”门启动时间元件；经延时 t 后动作于停机。在达到整定时间 t 之前若由于短路电流衰减，电流元件已返回，设置瞬时动作延时（t_0）返回功能，使电流动作后记忆一定时间，不会使保护装置中途返回。

发电机低电压过电流保护的输入量为机端 TV 二次相间电压（U_{AB}、U_{BC}、U_{CA}）及发电机 TA 二次三相电流（I_A、I_B、I_C）。

动作方程为

$$\left.\begin{array}{l} I_{a(b、c)} > I_g \\ U_{ab(bc、ca)} < U_1 \end{array}\right\} \qquad (1–1–18)$$

式中　I_g ——相过电流定值；

U_1 ——低电压定值。

（2）逻辑框图。当电流采取记忆时，保护的逻辑框图如图 1–1–29 所示。

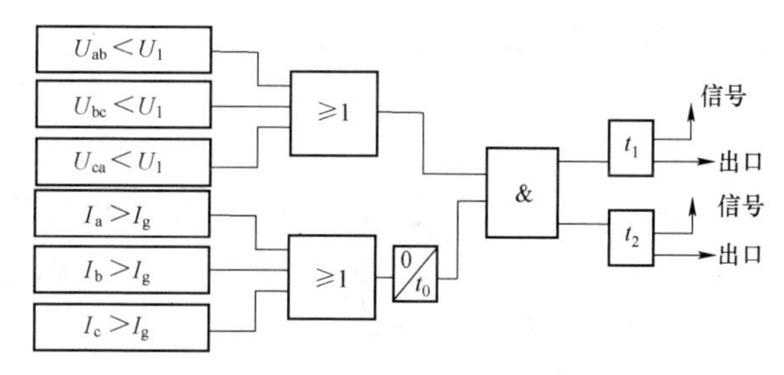

图 1–1–29　低电压记忆过电流保护逻辑框图

（3）保护整定。

1）过电流定值 I_g。动作电流应按躲过正常运行时发电机（或变压器）的额定电流来整定。即

$$I_g = \frac{K_{rel}}{0.95} I_N \tag{1-1-19}$$

式中 K_{rel} ——可靠系数，取1.2；

I_N ——发电机（或变压器）额定电流（TA二次值）。

2）低电压定值 U_1。低电压定值按躲过发电机正常运行时可能出现的最低电压来整定。另外，对于发电机低电压过电流保护还应考虑强行励磁动作时的电压。通常

$$U_1 = (0.7 \sim 0.75)U_N \tag{1-1-20}$$

式中 U_N ——发电机额定电压，TV二次值。

3）动作延时 t_1 及 t_2。保护的动作延时 t_1 及 t_2，应按与相邻元件后备保护的动作时间相配合整定。

4）电流记忆时间 t_0，应略大于延时 t_2。

2. 复合电压过电流保护

（1）构成原理。复合电压闭锁元件由相间低电压元件 u_{CA}、u_{BC}、u_{AB} 与负序电压元件 u_2 组成“或门”进行闭锁，同时与过电流元件构成“与门”延时出口跳闸。采用负序过电压元件在不对称时有很高的灵敏度，但负序电压元件不能保护三相短路，所以另外采用相间低电压元件用于保护三相短路。过电流元件采用保护安装处（一般取发电机中性点TA）三相电流构成过电流元件。复合电压闭锁电流保护作为发电机的后备保护，为提高过电流保护的动作灵敏度，必须降低其动作电流的整定值。

保护的输入量同低电压过电流保护，动作方程式如下

$$\left.\begin{array}{l} I_{a(b、c)} > I_g \\ U_{ab(bc、ca)} < U_1 \\ U_2 > U_{2g} \end{array}\right\} \tag{1-1-21}$$

式中 I_g ——相过电流定值；

U_1 ——低电压定值；

U_{2g} ——负序电压定值。

（2）保护整定。除负序电压动作值 U_{2g} 之外，整定原则及取值建议同低电压过电流保护。

U_{2g} 的整定原则是：躲过正常运行时发电机机端（或变压器）最大负序电压。通常，取发电机（或变压器）额定电压的8%～10%。

（3）逻辑框图。复合电压过电流保护逻辑如图1-1-30所示。

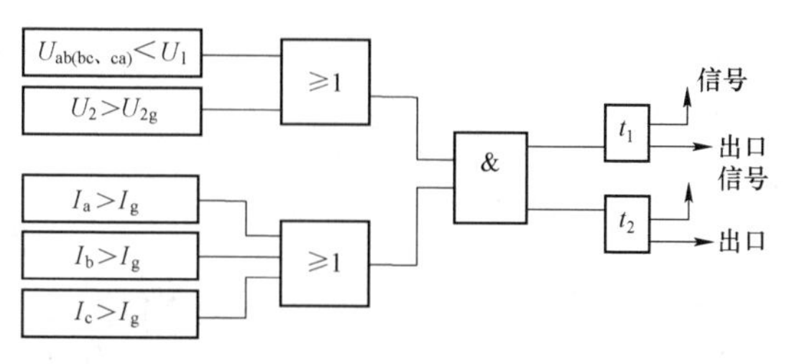

图 1–1–30 复合电压过电流保护逻辑框图

十二、低频过电流保护与次同步过电流

低频过电流保护和次同步过电流保护是用于机组抽水启动时短路的后备保护。保护在发电机或电动机运行以及调相运行时均闭锁，主要作为机组电气制动以及背靠背或 SFC 启动时的保护。低频过电流保护范围为电动机启动 10Hz 以上时，次同步过电流保护（又称启动过电流保护）作为机组启动频率在 10Hz 以下时的保护。为确保机组由启动工况转换到泵工况时不误动，电流应躲过机组泵工况启动时的最大负荷电流。

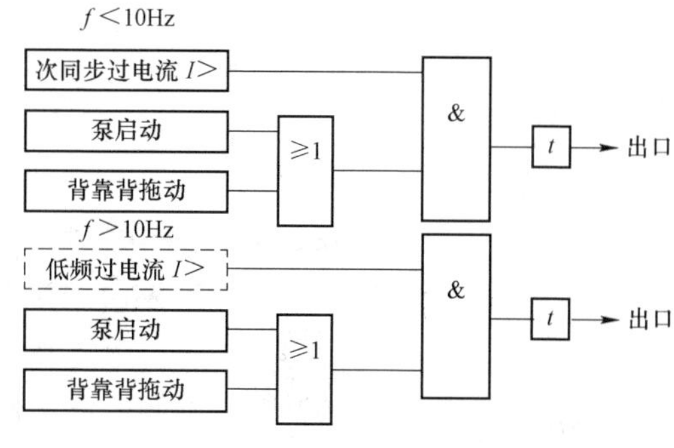

图 1–1–31 低频过电流保护和次同步过电流保护逻辑框图

低频过电流保护和次同步过电流保护逻辑如图 1–1–31 所示。

十三、负序电流保护

当电力系统中发生不对称短路或在正常运行情况下三相负荷不平衡时，在发电机定子绕组中将出现负序电流，此电流在发电机空气隙中建立的负序旋转磁场相对于转子为两倍的同步转速，因此将在转子绕组、阻尼绕组以及转子铁芯等部件上感应出 100Hz 的倍频电流，该电流使得转子上电流密度很大的某些部位（如转子端部、护环内表面等），可能出现局部灼伤，甚至可能使护环受热松脱，从而导致发电机的重大事故。此外，负序气隙旋转磁场与转子电流之间以及正序气隙旋转磁场与定子负序电流之间所产生的 100Hz 交变电磁转矩，将同时作用在转子大轴和定子机座上，从而引起 100Hz 的振动。因此发电机的负序过电流保护实际上是对定子绕组电流不平衡而引起转子过热的一种保护。

最大允许的持续负序电流决定于热稳定性，对于大型发电机为确保数据正确一般由发电机制造厂提供，设定值是基于发电机的不平衡负荷时间。目前对于表面冷却的水轮发电机，大都采用两段式负序定时限过电流保护。动作于信号的整定值应按照躲开发电机长期允许的负序电流值和最大负荷下负序过电流器的不平衡电流来确定。动作于跳闸的整定值按照发电机短时允许的负序电流来确定。

定时限部分设最小动作时间定值。

当负序电流超过下限整定值 I_{2szd} 时，反时限部分启动，并进行累积。反时限保护热积累值大于热积累定值保护发出跳闸信号。负序反时限保护能模拟转子的热积累过程，并能模拟散热。发电机发热后，若负序电流小于 I_{21} 时，发电机的热积累通过散热过程，慢慢减少；负序电流增大，超过 I_{21} 时，从现在的热积累值开始，重新热积累的过程。

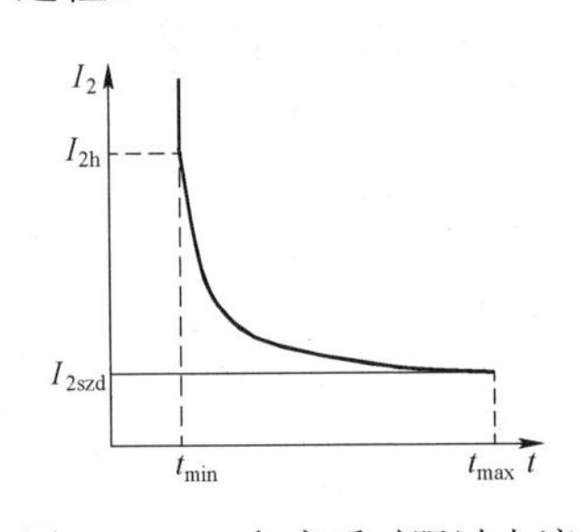

图 1–1–32　负序反时限过电流保护动作特性

t_{min}—反时限上限延时定值；
t_{max}—反时限下限延时定值；
I_{2szd}—反时限负序电流启动定值；
I_{2h}—反时限上限负序电流值

反时限动作曲线如图 1–1–32 所示，动作方程

$$[(I_2/I_{Nzd})^2-I_{21}^2]t \geqslant A \qquad (1–1–22)$$

式中　I_2——发电机负序电流；

I_{Nzd}——发电机额定电流二次值；

I_{21}——发电机长期运行允许负序电流（标幺值）；

A——转子负序发热常数。

十四、定子对称过负荷保护

定子过负荷保护是为了防止定子长时间的过载导致机组过热损坏设备。发电机允许的最大连续定子过电流决定于机组的热稳定性，数据由发电机厂家提供。

1. 定时限过负荷保护

保护反映发电机定子电流的大小。当发电机定子电流超过额定电流值（过负荷）或很大时（系统故障引起过电流），经延时动作于信号（过负荷）或作用于切机（过电流）。

发电机过负荷保护的动作电流应按照躲过发电机额定电流来整定。通常

$$I_g=\frac{1.05}{0.95}I_N=1.1I_N \qquad (1–1–23)$$

式中　I_N——发电机额定电流（TA 二次值）。

保护引入发电机电流（TA 二次值）。保护引入三相电流的保护构成逻辑框图如图 1–1–33 所示，一般为过电流保护。

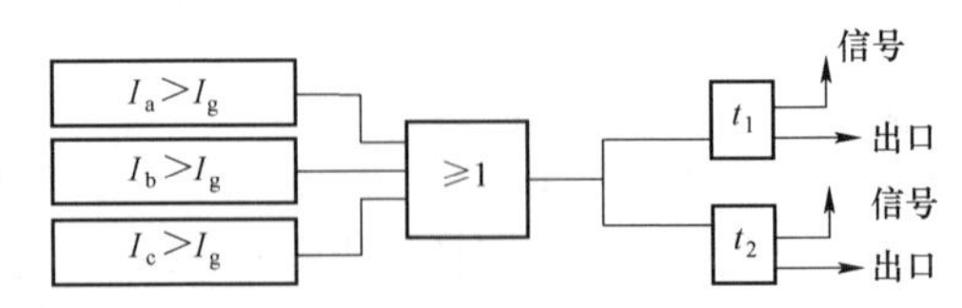

图 1–1–33　发电机定子过电流保护逻辑框图（三相式）

2. 反时限过负荷保护

反时限过负荷保护根据机组的热模型来计算机组的运行温度。在机组发生大电流短路时，过负荷保护的跳闸时间要大于其他短路保护的跳闸时间。

反时限保护由下限启动、反时限部分及上限定时限部分三部分组成。上限定时限部分设最小动作时间定值。

当定子电流超过下限整定值 I_{szd} 时，反时限部分启动，并进行累积。反时限保护热积累值大于热积累定值保护发出跳闸信号。反时限保护，模拟发电机的发热过程，并能模拟散热。当定子电流大于下限电流定值时，发电机开始热积累，如定子电流小于下限电流定值时，热积累值通过散热慢慢减小。

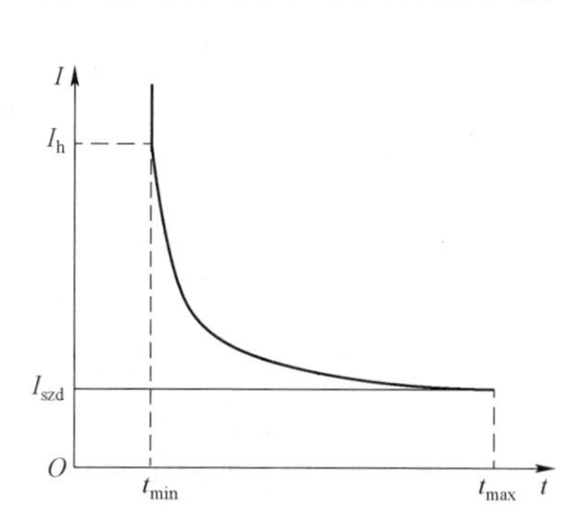

图 1–1–34 定子绕组过负荷反时限动作曲线图

t_{min}—反时限上限延时定值；

t_{max}—反时限下限延时定值；

I_{szd} —反时限启动定值；

I_h —上限电流值

反时限动作曲线如图 1–1–34 所示，反时限保护动作方程

$$[(I/I_{Nzd})^2-(k_{srzd})^2]\,t \geqslant K_{szd} \qquad (1\text{–}1\text{–}24)$$

式中 K_{szd} ——发电机发热时间常数；

K_{srzd} ——发电机散热效应系数；

I_{Nzd} ——发电机额定电流二次值。

为防止区外故障后热累积不能散掉，发电机散热效应系数一般建议整定在 1.02～1.05。

十五、过电压保护

过电压保护是用来保护发电电动机及与其相连的其他电气装置免遭电压超限增大的影响。产生过电压的原因有励磁系统的错误调节、发电机的甩负荷等。

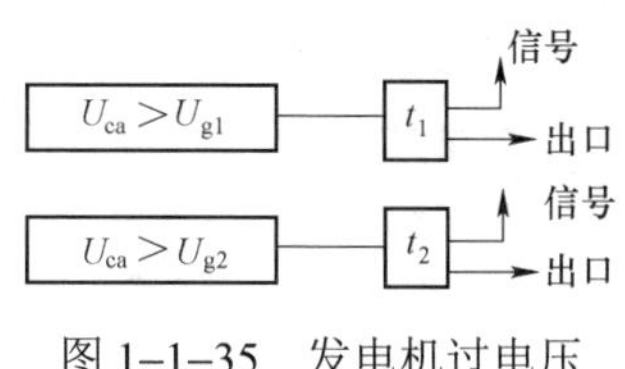

图 1–1–35 发电机过电压保护逻辑框图

保护反映发电机定子电压，其输入电压为机端 TV 二次相间电压，动作后经延时切除发电机，其构成逻辑框图如图 1–1–35 所示。

过电压保护的动作电压，应根据发电机类型、励磁方式、允许过电压的能力及定子绕组的绝缘状况来决定。

对于具有晶闸管励磁的水轮发电机

$$U_g=(1.3\sim1.4)U_N \qquad (1\text{–}1\text{–}25)$$

式中 U_N ——发电机额定电压，TV 二次值。

在实际整定中，在机组运行时由于机组带主变压器运行，运行电压不会升到很高，在较低的过电压（1.15 倍）情况下，经过长延时（2.5s）跳闸；在较高的过电压（1.2

倍）情况下，经过短延时（0.1s）跳闸。

十六、频率保护

频率保护功能用于检测系统中异常高或异常低的频率。根据抽水蓄能电站在电网中的特殊作用，配置了电动工况时的低频率保护，目的就是为了在电网频率较低的情况下及时将电动机与电网分开，减小电网所带的负荷，以维持电网的稳定运行。频率保护功能还是水泵速度监视保护的后备保护，频率和延时的定值设定原则主要是根据目前电网的要求值。现定值如下：频率降至 49.5Hz 以下时，延时 0.2s 停机、解列、灭磁。还可根据需要配置高频保护。

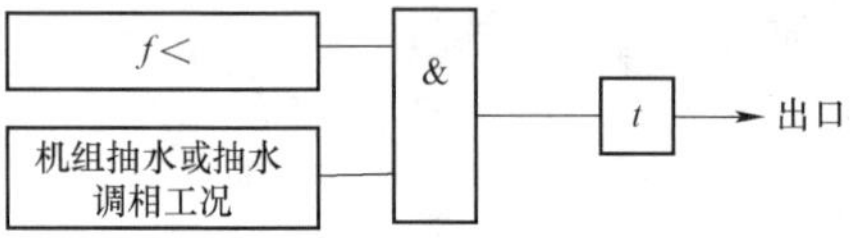

$f<$
机组抽水或抽水调相工况
&
t
出口

图 1–1–36　低频保护逻辑框图

低频保护逻辑如图 1–1–36 所示。

十七、发电电动机的相序保护及相序的转换

对于抽水蓄能机组在发电工况和抽水工况下机组的相序是不同的，相序保护就是通过检测在机组启动以前机组的相序是否正常，如若检测到机组的实际相序与机组的工况不符将发出报警。

相序转换是通过从监控系统过来的机组的工况信号、换相隔离开关位置来判断机组的相序，以确保所有的保护和监控功能在相序转换时正确的运行。机组泵工况信号通过外部工况信号判断，在抽水、抽水调相、泵启动（SFC 启动和背靠背被拖动机组）、抽水电制动停机任一时均为“1”。

相序保护逻辑如图 1–1–37 所示。

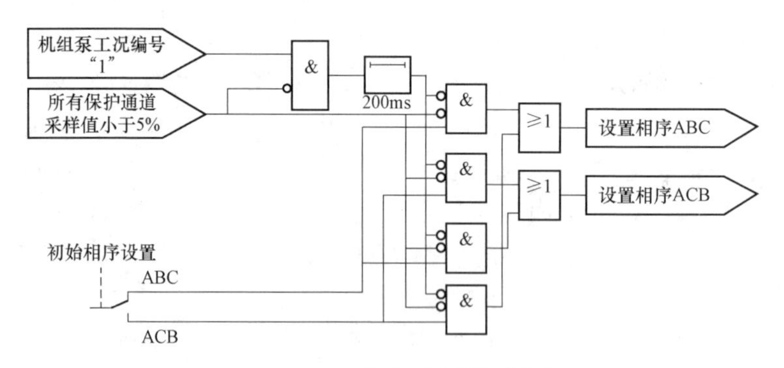

图 1–1–37　相序保护逻辑框图

十八、断路器失灵保护

发电机出口断路器设有失灵保护，断路器失灵保护监视断路器对跳闸信号的反映。断路器失灵保护由两个不同的来源触发：一是通过内部保护功能的跳闸指令或内部逻辑功能；

二是通过开关量输入的外部跳闸指令。有两个动作判据：一是电流过大；二是断路器在合闸状态。跳闸逻辑如图 1–1–38 所示。

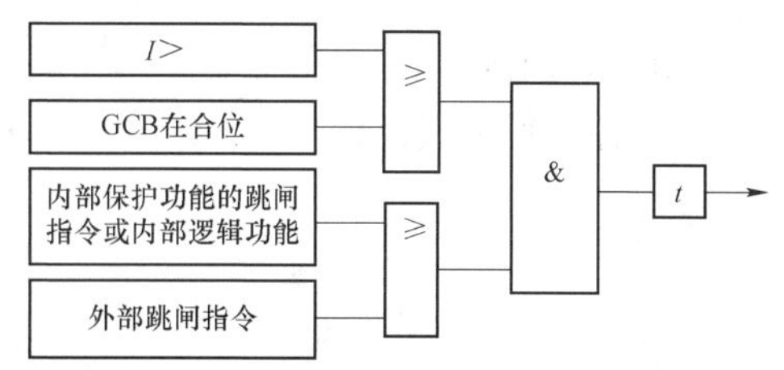

图 1–1–38　断路器失灵保护的跳闸逻辑

十九、轴电流保护

发电机在正常运行时由于磁场的不平衡将在大轴的两端产生感应电压。大轴通过接地刷接地，以使其对地电位为零，发电机的上导轴承是绝缘的，因此在正常时在接地刷和上导轴承之间没有电流。如若上导轴承的绝缘受到破坏，则将在上导轴承、大轴、接地刷之间产生电流，如果轴电流超过 0.2A/cm^2，发电机转轴轴颈的滑动表面和轴瓦就可能被损坏。轴电压的数值可达数伏，有时可能超过 10V。当上导轴承的对地绝缘垫损坏时，在轴电压的作用下，轴电流可能非常大（几百安甚至几千安）。

因此在大轴上装设轴电流 TA 和灵敏的轴电流继电器构成轴电流保护。ABB 公司的 RARIC 轴电流继电器有两种，第一种为工频 50Hz，第二种为 3 倍频 150Hz，二次动作电流均为 0.5～2mA 可调。必须在无法应用工频型且轴电压中确有三次谐波时才能采用第二种，轴电流继电器跳闸信号直接通过快速继电器出口动作于停机、灭磁。RARIC 轴电流继电器回路如图 1–1–39 所示。图中 S1、S2 为 TA 二次绕组，A、B 为试验绕组，试验时可通过在 A、B 输入电流模拟一次轴电流。

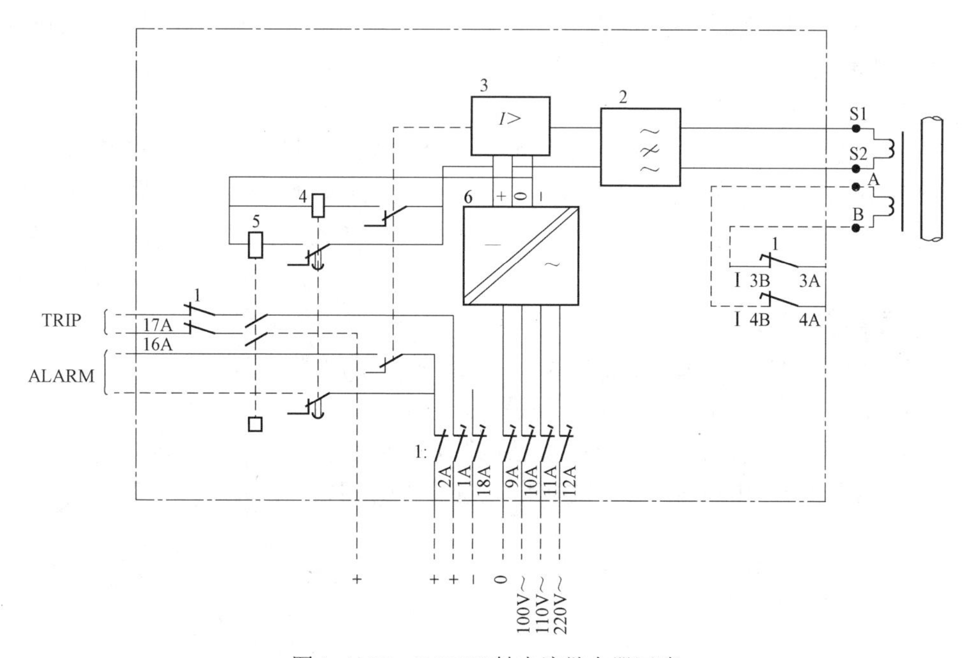

图 1–1–39　RARIC 轴电流继电器回路

轴电流互感器结构如图 1–1–40 所示，一般由 2 段或 4 段铁芯组成。安装在发电机转子与轴承之间的发电机大轴上。

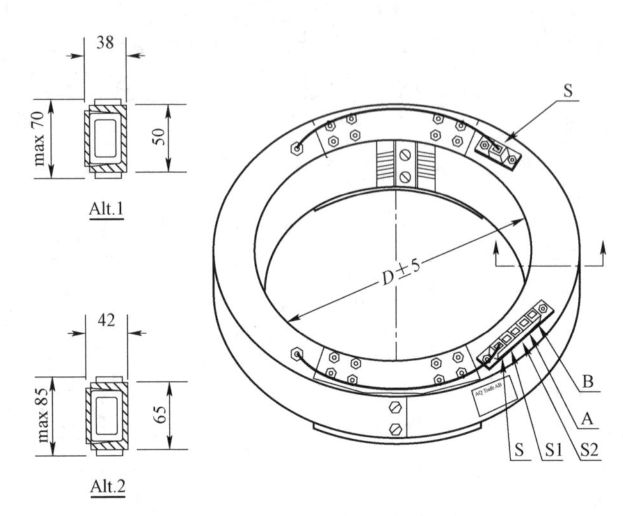

图 1–1–40　轴电流互感器结构

二十、误上电保护

发电机盘车或者转子静止时突然并入电网，定子电流在气隙产生旋转磁场会在转子本体中感应工频或者接近工频的电流，其影响与发电机并网运行时定子负序电流相似，会造成转子过热损伤。

发电机误上电保护作为发电机停机状态、盘车状态及并网前机组启动过程中误合断路器时的保护。保护装在机端或主变压器高压侧，瞬时动作于解列灭磁。如发电机出口断路器拒动，应启动失灵保护，断开所有有关电源支路。发电机并网后，此保护能可靠退出。

【思考与练习】

1. 水轮发电机组与抽水蓄能机组保护配置的区别有哪些？
2. 水轮发电机后备保护应该如何配置？
3. 背靠背启动时注入式 100%定子接地保护如何投入？
4. 抽水蓄能机组启动时哪些保护能够起到保护作用？

模块 2　发电机保护装置调试的安全和技术措施（ZY5400103002）

【模块描述】本模块包含发电机保护装置调试的工作前准备和安全技术措施，通过对现场危险点分析的讲解，掌握现场保安措施，确保保护装置调试安全。

【正文】

一、发电机保护装置调试工作前的准备

（1）检修作业前做好检修准备工作，并在检修作业前提交相关停役申请。准备工作包括检查设备状况、反措计划的执行情况及设备的缺陷等。

（2）开工前 3 天，向有关部门上报本次工作的材料计划。

（3）根据本次调试的项目，组织作业人员学习作业指导书，使全体作业人员熟悉作业内容、进度要求、作业标准、安全注意事项及工作中的危险点。要求所有工作人员都明确本次校验工作的内容、进度要求、作业标准、安全注意事项及工作中的危险点。

（4）开工前一天，准备好作业所需仪器仪表、相关材料、工器具。要求仪器仪表、工器具应试验合格，满足本次作业的要求，材料应齐全。

仪器仪表主要有：绝缘电阻表、数字式万用表、继电保护单相试验装置、继电保护三相校验装置，钳形相位表、V–A 特性测试仪、电流互感器变比测试仪等。

工器具主要有：个人工具箱、计算器、电烙铁等。

相关材料主要有：红色绝缘胶布、自黏胶带、电缆、导线、小毛巾、焊锡丝、松香、中性笔、口罩、手套、毛刷、逆变电源板等。

（5）最新整定单、相关图纸、上一次试验报告、本次需要改进的项目及相关技术资料。要求图纸及资料应与现场实际情况一致。

主要的技术资料有：发电机保护图纸、发电机保护装置技术说明书、发电机保护装置使用说明书、发电机保护装置检验规程。

（6）根据现场工作时间和工作内容填写工作票（第一种工作票应在开工前一天交值班员）。工作票应填写正确，并按《国家电网公司电力安全工作规程》执行。

二、安全技术措施

以下主要讨论调试工作危险点及控制措施。

（一）人身触电

1. 误入带电间隔

控制措施：工作前应熟悉工作地点、带电部位；检查现场安全围栏、安全警示牌

和接地线等安全措施。

2. 接（拆）低压电源

控制措施：必须使用装有漏电保护器的电源盘；螺丝刀等工具金属裸露部分除刀口外均应包上绝缘；接（拆）电源时至少有两人执行，一人操作，一人监护；必须在电源开关拉开的情况下进行；临时电源必须使用专用电源，禁止从运行设备上取电源。

3. 保护调试及整组试验

控制措施：工作人员之间应相互配合，确保一、二次回路上无人工作；传动试验必须得到值班员许可并配合。

（二）机械伤害及高空坠落

控制措施：工作人员进入工作现场必须戴安全帽；正确使用安全带，工作鞋应防滑；在发电机上工作必须系安全带，上、下发电机本体由专人监护。

（三）继电保护“三误”事故

“三误”是指误碰、误整定、误接线。防“三误”事故的安全技术措施如下：

（1）现场工作前必须做好充分准备，内容包括：

1）了解工作地点一、二次设备运行情况，本工作与运行设备有无直接联系。

2）工作人员明确分工并熟悉图纸与检验规程等有关资料。

3）应具备与实际状况一致的图纸、上次检验记录、最新整定通知单、检验规程、合格的仪器仪表、备品备件、工具和连接导线。

4）工作前认真填写安全措施票，特别是针对发电机断路器失灵保护的现场校验工作，应由工作负责人认真填写，并经技术负责人认真审批。

5）工作开工后先执行安全措施票，执行和恢复安全措施时，需要两人工作，一人负责操作，另一工作负责人担任监护人，并逐项记录执行和恢复内容。

6）不允许在未停用的保护装置上进行试验和其他测试工作；也不允许在保护未停用的情况下，用装置的试验按钮做试验。

7）只能用整组试验的方法，即由电流及电压端子通入与故障情况相符的模拟故障量，检查保护回路及整定值的正确性。不允许用卡继电器触点、短路触点等人为手段做保护装置的整组试验。

8）在校验继电保护及二次回路时，凡与其他运行设备二次回路相连的连接片和接线应有明显标记，并按安全措施票仔细地将有关回路断开或短路，做好记录。

9）在清扫运行中设备和二次回路时，应认真仔细，并使用绝缘工具（毛刷、吹风机等），特别注意防止振动，防止误碰。

10）严格执行风险分析卡和继电保护作业指导书。

（2）现场工作应按图纸进行，严禁凭记忆作为工作的依据；如发现图纸与实际接线不符时，应查线核对；需要改动时，必须履行如下程序：

1）先在原图上做好修改，经主管继电保护部门批准。

2）拆动接线前先要与原图核对，接线修改后要与新图核对，并及时修改底图，修改运行人员及有关各级继电保护人员的图纸。

3）改动回路后，严防寄生回路存在，没用的线应拆除。

4）在变动二次回路后，应进行相应的逻辑回路整组试验，确认回路极性及整定值完全正确。

（3）保护装置调试的定值，必须根据最新整定值通知单规定，先核对通知单与实际设备是否相符（包括保护装置型号、被保护设备名称、变压器联结组别、互感器接线、变比等）。定值整定完毕要认真核对，确保正确。

（四）发电机保护故障

发电机保护联跳主变压器高压侧相邻机组。

控制措施：检查并断开对应的出口连接片，解开对应线头并逐个用绝缘布包扎。

（五）断路器失灵

可能启动母差、启动远跳，误跳运行断路器。

控制措施：检查失灵启动连接片须断开并拆开失灵启动回路线头，用红色绝缘胶布对拆头实施绝缘包扎。

（六）TV 二次回路带电

此种情况下易发生电压反送事故、二次回路短路或引起人员触电。

控制措施：断开交流二次电压引入回路，并用红色绝缘胶布对所拆线头实施绝缘包扎。

（七）运行断路器误跳

二次通电时，电流可能误通入母差保护回路，误跳运行断路器。

控制措施：在端子箱将相应端子用红色绝缘胶布实施封闭。

（八）其他危险点及控制措施

（1）保护室内使用无线通信设备，易造成其他正在运行的保护设备不正确动作。

控制措施：禁止在保护室内使用无线通信设备，尤其是对讲机。

（2）带电插拔保护装置插件，易造成集成块损坏。而且频繁插拔插件，易造成插件插头松动。

控制措施：保护装置插件插拔前必须关闭电源并做好防静电措施。尽量减少插件插拔次数。

发电机保护装置检查调试安全措施票（样本）见表 1–2–1。

表 1–2–1　　二次工作安全措施票（样本）

单位　电气班　　编号＿＿＿＿＿

被试设备名称		1 号发电机 A 组保护			
工作负责人		工作时间	月　日	签发人	

工作内容：

1 号发电 A 组保护校验

安全措施：应打开及恢复连接片、直流线、交流线、信号线、联锁线和联锁断路器等，按工作顺序填用安全措施

序号	执行	安全措施内容	恢复
1		短接 1 号发电机 A 组保护机端侧 TA 端子 K2/L2：11/13/15/17 并隔离	
2		短接 1 号发电机 A 组保护中心点侧 TA 端子 K2/L2：21/23/25/27 并隔离	
3		隔离 1 号发电机 A 组保护机端侧 TV1 绕组 1 端子 K2/L2：41/43/45/47	
4		隔离 1 号发电机 A 组保护机端侧 TV2 绕组 1 端子 K12/L12：21/23/25/27	
5		短接 1 号发电机 A 组保护匝间短路保护 TA 端子 K12/L12：34/35 并隔离	
6		隔离 1 号发电机 A 组保护机端侧 TV3 绕组 2 端子 K12/L12：37/39	
7		隔离 1 号发电机 A 组保护跳发电机出口断路器线圈 1 端子 X19：31	
8		隔离 1 号发电机 A 组保护跳发电机出口断路器线圈 2 端子 X19：32	
9		隔离 1 号发电机 A 组保护跳磁场断路器线圈 1 端子 X19：33	
10		隔离 1 号发电机 A 组保护跳磁场断路器线圈 2 端子 X19：34	
11		隔离 1 号发电机 A 组保护跳厂用变压器断路器端子 X19：36	
12		隔离 1 号发电机 A 组保护跳 5012 断路器（通道 1）端子 X19：38	
13		隔离 1 号发电机 A 组保护跳 5012 断路器（通道 2）端子 X19：39	
14		隔离 1 号发电机 A 组保护跳相邻机组 A 组保护端子 X19：41	
15		隔离 1 号发电机 A 组保护跳相邻机组 B 组保护端子 X19：42	
16		隔离 1 号发电机 A 组保护跳 5051 断路器（通道 1）端子 X19：43	
17		隔离 1 号发电机 A 组保护跳 5051 断路器（通道 2）端子 X19：44	
18		隔离 1 号发电机 A 组保护跳 SFC 端子 X19：45	

执行人：　　监护人：　　恢复人：　　监护人：

【思考与练习】

1. 发电机保护装置调试工作前主要准备哪些仪器、仪表及工具?

2. 调试工作主要有哪些危险点?如何控制?

3. 编写发电机保护装置调试典型现场工作安全技术措施票。

模块 3　发电机保护装置的调试（ZY5400103003）

【模块描述】本模块包含发电机微机保护装置的调试流程和调试方法，通过实际操作训练和调试原理的讲解，掌握典型装置的硬件结构、插件功能、面板操作、调试工具的使用以及静态调试和动态调试的方法。

【正文】

一、作业流程

发电机保护装置调试的作业流程如图 1–3–1 所示。

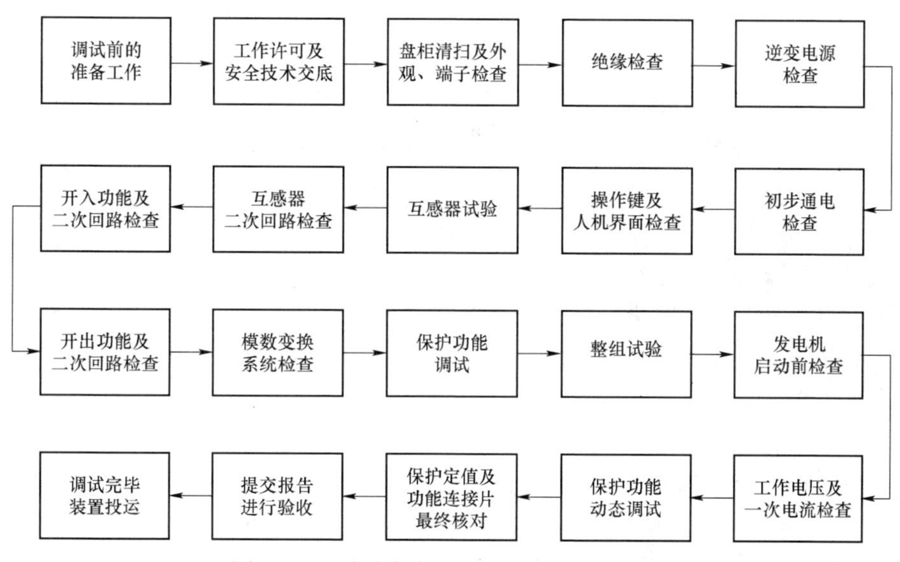

图 1–3–1　发电机保护装置调试作业流程图

二、校验项目、技术要求及校验报告

（一）盘柜清扫及外观、端子检查

在盘柜清扫及外观检查前，应断开所有外加电源（直流电源及交流电源）及带电的开关量输入回路。

1. 盘柜清扫

先用毛刷、白布等工具对盘柜内部的保护装置、中间继电器和打印机等组件进行除尘工作；再用酒精和白布对保护盘柜前后的金属门等机械部件进行擦拭；最后，用吹风机或吸尘器对保护盘柜进行统一的清洁。

2. 机械部分检查

检查保护盘柜及保护机箱无变形、损伤。各标准插件的插拔应灵活，接头的接触应可靠。具有分流片的交流电流插件，当插件插入机箱后分流片应能可靠断开，插件拔出后分流片应可靠闭合，当附加抗干扰装置时，其抗干扰电容、直流抗干扰盒等处应无短路隐患。各接地线及接地铜排应固定良好。

3. 对装置各插件的检查

对具有插入式芯片的各插件，应检查插入式芯片的插入是否良好，插腿有无错位及管足弯曲现象；各印刷电路线是否良好。对于背插式交流模件，应在插件内拧紧电流引入线的固定螺钉，以确保电流互感器二次不会在插件内打火或开路，拧紧各插件的背后接线端子上的螺钉。

4. 柜后端子排及机箱背板端子的检查

用相应的螺丝刀，拧紧盘柜后端子排上的接线端子及短接连片的固定螺钉。一定要拧紧电流互感器二次电流的连接端子及交流模件背后的端子上的螺钉，严防电流互感器二次回路开路或接触不良。对于未投入的模拟量输入通道，应在插件内部或插件输入端子上将其短接并接地，以防运行时对其他通道进行干扰。

5. 复归按钮、试验按钮、连接片及试验部件的检查

各复归及试验按钮、插件上的小开关或拨轮开关，应操作灵活，无卡阻及损伤现象，拧紧各按钮及试验部件上的固定螺钉。上述元件上的连线应固定牢靠及接触可靠。另外，各操作键盘的按键应操作灵活，无卡阻及不复归现象。

（二）绝缘检查

1. 检查前应具备的条件

进行绝缘电阻检查前，再次核对装置各回路已断电，将交流电流回路、交流电压回路、跳合闸回路、直流控制回路的端子分别短接，将各层机箱内直流稳压电源的5、±12V（±15V）输出端子可靠短接，将电源的24V正极和负极可靠短接起来；将机箱内所有插件插入机箱。拆除交流回路和装置本身的接地端子，试验完成后注意恢复接地点。注意绝缘电阻测量时应通知有关人员暂时停止在回路上的一切工作，断开电源，拆开回路接地点。

2. 测量项目及要求

用1000V绝缘电阻表测量以下各回路对地及各回路之间的绝缘电阻：

（1）交流电流回路对地、交流电压回路对地、直流回路对地及信号回路对地。

（2）交流电流回路及交流电压回路分别对直流回路、信号回路。

（3）各出口跳闸继电器的各对输出触点之间。

要求：新安装装置验收实验时，各强电回路（交流电流、交流电压、直流回路、信号回路）对地的绝缘电阻应大于 10MΩ；定期检验时，各强电回路对地的绝缘电阻应大于 1MΩ。

3. 注意事项

（1）绝缘检查完毕后，应及时将检查过程短接的测试线拆除，将拆除过的各回路接地线及时恢复。

（2）每进行一项绝缘试验后，须将试验回路对地放电。

（三）逆变电源检查

逆变电源检查试验接线如图 1–3–2 所示，在图 1–3–2 中，K 为单相闸刀；R 为滑线电阻，V 为直流电压表。在合电源开关之前，将被试机箱中所有插件接入。给电后，严禁插拔任何插件。

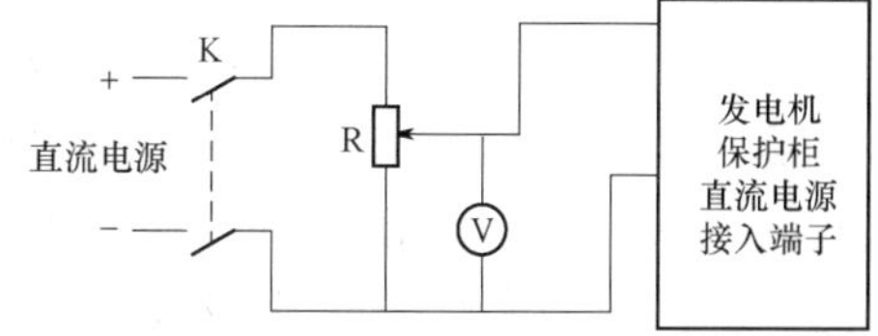

图 1–3–2　逆变电源检查试验接线

1. 保护装置逆变电源自启动电压测试

合上电源开关 K，试验电源由零缓慢上升至 80%U_N，此时面板上的“运行”绿灯应常亮，直流消失装置闭锁触点打开，在此电压下，操作保护出口、信号皆动作时，用高精度电压表测量 5、12（15）、24、110V（220V）输出端的直流电压。

要求：在上述各种工况下，各输出电压应与标称电压的最大误差不大于 5%，其变差应小于 2%，还要求输出的直流电压中的交流分量很小，其纹波系数应不大于 2%。

2. 直流电源拉合试验

直流电源调至 80%U_N，连续断开、合上电源开关几次，保护装置应无异常（保护装置应不误动和误发保护动作信号）。不得出现出口信号灯闪动现象。若不满足要求，应及时查明原因。

（四）初步通电检查

将保护装置机箱中的所有插件插入机箱，合上各直流电源开关及直流稳压电源开关。此时，如果装置运行灯亮或自检灯闪光，且无故障及装置异常信号，则可通过保护装置通电自检功能的检验。通过实际操作，检查保护面板的液晶显示功能。装置软件版本号检查进入主菜单，选择“其他”菜单进入，再选择“版本信息”子菜单进入，可分别显示保护板、管理板的软件版本号和 CRC 校验码。要求保护软件版本应和调度整定单一致。对照 GPS 系统，对保护装置的时钟进行整定。

（五）操作键及人机界面检查

按照厂家说明书，对每个功能操作键进行操作检查，操作每一键，保护装置的液晶显示应均有反映。在检查时，应同时观察界面显示的各菜单的正确性，顺序性及操作过程与操作键相对应的功能与现实顺序的对应性。

要求：各按键操作灵活，功能正确，屏幕显示清晰、稳定，操作过程与对应功能及显示顺序应与厂家说明书完全相同。否则，应查明原因并进行处理。

（六）电流互感器试验

电流互感器安装前首先检查铭牌参数是否完整，出厂合格证及试验资料是否齐全，如缺乏上述数据时，应由有关制造厂或基建、生产单位的试验部门提供绕组极性、绕组及抽头变比、电流互感器各绕组的准确级、容量及内部安装位置、二次绕组的直流电阻、电流互感器各绕组的伏安特性等试验资料。

保护用电流互感器安装竣工后，检验人员至少应进行绝缘电阻、直流电阻、变比、极性试验、交流耐压试验、励磁特性以及电流互感器 10%误差曲线的校核，有条件时，可采用相关仪器对电流互感器进行一次分相通流试验。

1. 绝缘电阻试验

用 2500V 数字式绝缘电阻表测量一次绕组绝缘电阻，测量的过程中将二次绕组短接接地；用 1000V 挡测量二次绕组绝缘电阻，测量的过程中将一次绕组短接接地。绕组绝缘电阻与初始值及历次数据比较，不应有显著变化。

2. 直流电阻试验

用直流电阻测试仪直接测量二次绕组直流电阻，若无直流电阻测试仪的厂（站）可以用高精度万用表进行测量。

要求：（1）测量值与厂家值相比不应有明显差别。

（2）每进行一次直流电阻测量后，须将绕组对地放电。

3. 变比测试

用一根测试线穿过电流互感器的一次绕组并缠绕 n 圈，完成后将测试线与电流发生器（继电保护测试仪）进行连接，将电流互感器的二次绕组与高精度电流表串联。用电流发生器（继电保护测试仪）注入电流记为 I_1，高精度电流表显示电流值记为 I_2，则电流互感器的变比为（$I_1 \times n$）/I_2。也可用变压器变比测试仪直接进行测量。要求测量值与电流互感器铭牌值一致。

4. 极性测试

在电流互感器一次侧瞬时加一固定方向脉冲电流，可以使用一节或多节干电池，则电流互感器二次侧可感应输出一个微弱的电压信号或电流信号，这时候将指针式毫伏表或毫安表接于二次绕组中，根据二次侧检测仪表指针的方向“+”或“−”来判断电流互感器的“+”或“−”极性，此法又称“对极性法”，使用此法应特别注意一次母线的位置以及电流互感器的二次端子的位置，否则可能得出相反的结论。

5. 交流耐压试验

用高压试验变压器进行试验，耐压试验前后分别测量绝缘电阻，比较试验前后的测量值无明显变化。

6. 电流互感器 10%误差曲线测试及二次负荷校核

电流互感器安装完毕后，现场应测量电流互感器二次回路负荷，将所测得的阻抗值按照保护的具体工作条件和制造厂提供的出厂资料来验算是否符合电流互感器 10%误差的要求。10%误差曲线是保护用电流互感器的一个重要的基本特性，其含义是一次电流（I_1）与额定电流（I_{1N}）的比值和二次负荷的关系特性曲线，也可以理解为，在不同的一次电流倍数下，为使电流互感器的变比误差小于或等于 10%而允许的最大二次负荷阻抗。测试电流互感器 10%误差，应首先测定电流互感器伏安特性，伏安特性是互感器一次绕组开路，二次绕组与二次负荷断开，在二次绕组侧通入 I_2，测试 U_2，形成的一组 U_2–I_2 对应数据。由于一次绕组开路，故此时的 I_2 即为 I_N，可以得到此时的励磁感应电动势 E。

$$E = U_2 - I_N \times Z_2 \tag{1-3-1}$$

由此可以得到一组互感器励磁特性 E–I_N 数据。电流互感器接入二次负荷后，其等值电路如图 1–3–3 所示。

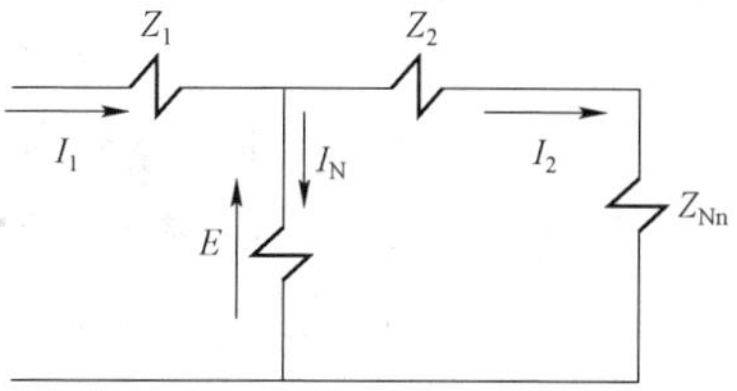

图 1–3–3　电流互感器接入二次负荷后等值电路图

由图 1–3–3 得出以下关系式

$$E = I_2 \times (Z_2 + Z_{Nn}) \tag{1-3-2}$$

$$m_{10} = I_1 / I_N \tag{1-3-3}$$

当互感器误差为 10%时，有以下关系

$$I_2 = 9I_N \tag{1-3-4}$$

$$I_1 / k = 10I_N \tag{1-3-5}$$

将式（1–3–4）代入式（1–3–2）得出

$$Z_{Nn} = E / 9I_N - Z_2 \tag{1-3-6}$$

将式（1–3–5）代入式（1–3–6）得出

$$m_{10} = 10I_N / I_N \tag{1-3-7}$$

根据计算得到的励磁特性 E–I_N 数据和式（1–3–6）、式（1–3–7），即可求得电流互感器 10%误差曲线。再根据计算得到的短路电流倍数，由 10%误差曲线查出允许的最大二次负荷阻抗，将其与测得的电流互感器二次负荷比较，若前者大于后者，认为电流互感器及二次电缆选择是合适的。

7. 电流互感器一次分相通流试验

电厂（站）具备电流互感器一次分相通流条件时，可通入一次分相电流验证电流互感器工作抽头的变比、回路以及极性是否正确。

（七）电压互感器试验

进行电压互感器安装前首先检查铭牌参数是否完整，出厂合格证及试验资料是否齐全，如缺乏上述数据时，应由有关制造厂或基建、生产单位的试验部门提供绕组极性、绕组及抽头变比、电压互感器各绕组的准确级、容量及内部安装位置、二次绕组的直流电阻、电流互感器各绕组的伏安特性等试验资料。

保护用电压互感器安装竣工后，检验人员至少应进行绝缘电阻、直流电阻、变比、极性试验、交流耐压试验，试验方法与电流互感器的基本相同，这里不再进行赘述。有条件时，可采用相关仪器对电压互感器进行一次电压检查。

（八）电流互感器二次回路检查

1. 电流互感器二次接线的正确性检查

按照继电保护设计施工图纸逐个对电流互感器的二次端子进行检查（必要时予以两端二次接线拆除，用对线灯或万用表进行回路正确性检查）。检查电流互感器二次回路的芯线标示齐全、正确、清晰，与图纸一致。

逐个对电流互感器二次端子引线螺钉紧固情况进行检查（必要时用螺丝刀对端子进行重新紧固），检查电流互感器二次回路的小连接片连接可靠。

2. 电流互感器二次回路绝缘试验

在绝缘试验前必须按试验规程要求，做好相应的安全措施，将需要断开的回路解开，避免绝缘测试时的高电压损坏保护装置内的电子元件。进行绝缘试验时，首先断开电流互感器二次回路的接地点，试验线与电流互感器二次端子连接可靠，进行一项绝缘试验后，须将试验回路对地放电。

3. 电流互感器二次回路完好性检查

在保护背部端子排上断开电流互感器二次回路，用万用表对电流互感器二次回路的整体电阻值进行测量，确定电流互感器二次回路的完好性。

4. 电流互感器二次接地检查

电流互感器二次绕组容易产生过电压或受高压袭击，为了安全应有接地点。该接地点离电流互感器越近越好，但当一套保护装置使用几组电流互感器时，为了检修及试验时拆接地点方便，应在保护屏上经端子排接地。对某些变压器差动保护和母线差动保护的电流互感器即属于这种情况。若电流互感器在不同地点接地或多点接地，有可能使星形接线的电流互感器的一个绕组短路，导致某相差动继电器长期流过一侧电流使保护误动作。所以，公用电流互感器二次回路只允许，且必须在保护柜屏内一点接地。独立的、与其他二次回路没有电气联系的电流互感器应在开关场一点接地。

电流互感器有且仅有一点接地检查方案：对运行中的设备，可用外观目测检查；对新设备交接验收以及新设备投运后一年内第一次定检，要用拆除接地点、用绝缘电阻表检查绝缘的方法，确保没有其他接地点，并做好记录。

5. 电流互感器二次抗干扰措施检查

检查电缆的屏蔽层在开关场和控制室两端接地情况以及连接的螺钉紧固情况。控制室内屏蔽层应接于屏柜内的接地铜排，开关场屏蔽层应与高压设备有一定距离的端子箱接地。

检查保护装置的屏柜地面下与等电位接地母线连接情况以及等电位接地母线与厂、站的接地网直接连接的紧固情况，确定其满足反事故措施要求。

6. 电流互感器二次回路及端子箱内清扫和除尘

电流互感器二次回路及端子箱应及时采用吹风机和吸尘器等工具进行清扫，避免在潮湿的环境下，因灰尘积聚造成电流互感器二次回路绝缘降低，使继电保护装置误动作。

7. 电流互感器二次回路整组检查

解开安装在高压开关场的电流互感器端部的二次端子，用继电保护测试仪注入试验电流；操作保护装置界面，调出保护装置实时电流显示，对照保护装置面板上的电流显示信息，分析计算注入的电流与保护装置显示电流是否一致。电流互感器整组回路的检查项目仅要求在新安装完毕后的检验时进行，保护全部检验或部分检验时可视情况增加该项目。

（九）电压互感器二次回路检查

电压互感器二次回路的正确性检查、完整性检查及绝缘检查方法与电流互感器二次回路检查方法一致，这里不再赘述。接地检查、抗干扰措施检查参见《继电保护和安全自动装置技术规程》(GB/T 14285—2006)、《国家电网公司十八项电网重大反事故措施》等规程的规定。

电压互感器二次回路整组检查，解开安装在高压开关场的电压互感器端部的二次端子，用继电保护测试仪注入试验电压；操作保护装置界面，调出保护装置实时电压显示，对照保护装置面板上的电压显示信息，分析计算注入的电压与保护装置显示电压是否一致。电压互感器整组回路检查仅要求在新安装完毕后的检验时进行，保护全部检验或部分检验时可视情况增加该项目。

（十）开关量输入功能检查

对照继电保护屏柜端子图，对所有引入端子排的开关量输入回路依次加入激励量，观察保护装置面板开关量输入菜单中的开关量变化行为。

（十一）开关量输入回路检查

1. 开关量输入回路二次接线检查

利用导通法依次确定外界系统送至保护二次端子排上的开关量输入回路接线正确，与二次设计施工图纸一致，与电缆标牌及电缆芯的标号一致。

2. 开关量输入回路的整组检查

（1）若开关量输入为监控系统组态控制，可模拟满足监控系统组态条件，使监控系统开出相关触点，观察保护装置的行为。

（2）若开关量输入为断路器、隔离开关、中间继电器的辅助触点，可在这些设备进行动作试验时配合检查保护装置的行为。

（3）若开关量输入由连接片和转换把手直接控制，可对连接片和转换把手进行人为操作，观察保护装置的行为。

保护部分检验时，开关量输入回路检查随保护的整组试验一起进行。

（十二）输出触点及输出信号检查

在装置屏柜端子排处，按照保护装置的技术说明书或使用说明书进行操作，使保护装置开出不同的输出触点，依次观察输出触点或输出信号的通断状态。

（十三）开关量输出回路检查

1. 开关量输出回路二次接线检查

利用导通法依次确定保护二次端子排送至监控、报警系统、开关操作箱、控制箱、故障录波装置等系统的开关量输出回路接线正确，与二次设计施工图纸一致，与电缆标牌及电缆芯的标号一致。

2. 开关量输出回路的整组检查

（1）若保护装置的输出触点作用于断路器合/跳闸线圈，可在断路器现地控制箱内进行输出信号通断状态的检测。

（2）若保护装置的输出触点作用于监控系统后台报警，可在监控系统操作界面下直接观察。

（3）若保护装置的输出触点作用于启动故障录波，可在故障录波系统开关量启动界面进行观察。

（4）若保护装置的输出触点作用于启动开关失灵保护，应在失灵保护校验时配合进行该功能的检验。

部分定检时，开关量输出回路检查随保护的整组试验一起进行。

（十四）模数变换系统检查

若在现场调试，且装置柜外连线已接好，则在进行试验测量之前，应将引至端子箱及其他盘柜的出线，先从保护柜端子排上拆下来，并用红色绝缘胶布将拆下线的裸露部分包起来。在端子排上打开引至发电机转子回路的连线，打开保护的出口跳闸连接片。

对于与运行设备有联系的回路（如启动开关失灵回路、至母差保护回路及启动零序公用中间回路等），应确认已可靠断开。

1. 零点漂移检验

进行零点漂移检验时，要求装置不输入交流电流、电压量，观察装置在一段时间内的电流、电压偏移值满足技术条件的规定。进行测试时，需按照保护装置的技术说明书，操作保护装置面板，使其显示模拟量采样值。

2. 电流通道测量精度试验

试验时，在保护装置柜后竖端子排 TA 二次端子上加电流，观察并记录界面上显示的输入电流值。试验接线如图 1–3–4 所示。

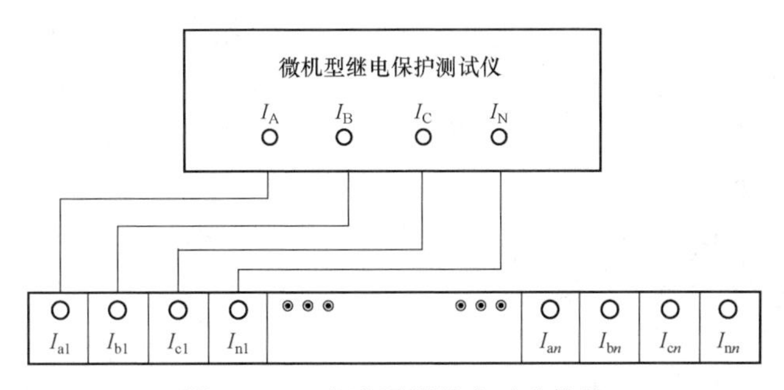

图 1–3–4　电流通道精度试验接线

在图 1–3–4 中，I_{a1}、I_{b1}、I_{c1}、I_{n1} 为保护用第一组 TA 二次三相电流接入端子，I_{an}、I_{bn}、I_{cn}、I_{nn} 为保护用第 n 组 TA 二次三相电流接入端子，I_A、I_B、I_C、I_N 为继电保护测试仪电流输出端子。

试验方法：操作保护装置的界面键盘，调出电流通道有效值显示菜单。操作继电保护测试仪，使 a 相电流分别为 $0.1I_N$、$0.5I_N$、I_N、$2I_N$、$5I_N$，观察并记录 I_{a1} 电流通道显示的各电流值。再分别加 b 相、c 相电流，重复上述试验、观察及记录。各单相电流测试完毕后，操作继电保护测试仪使三相输出电流为三相标称额定正序对称电流。根据三相电流采样值，可以判断从柜后竖端子排电流端子到 A/D 插件这部分回路是否正确，三相通道的调整是否精确，各硬件是否良好。要求：交流电流在 $0.1I_N$～$40I_N$ 范围内，相对误差不大于 2.5%或绝对误差不大于 $0.02I_N$。然后，再将继电保护测试仪的三相输出线分别改接到 I_{a2}、I_{b2}、I_{c2}、I_{n2}、…、I_{an}、I_{bn}、I_{cn}、I_{nn} 电流端子上。重复上述试验、观察及记录。

3. 电压通道测量精度试验

试验时，在保护装置柜后竖端子排 TV 二次端子上加电流，观察并记录界面上显示的输入电压值。试验接线如图 1–3–5 所示。

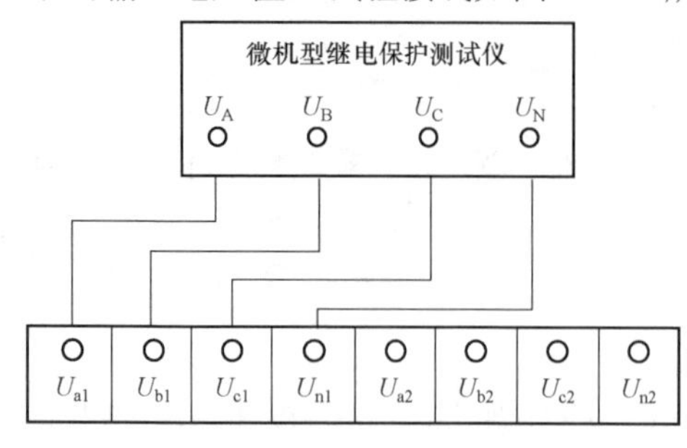

图 1–3–5 电压通道精度试验接线

在图 1–3–5 中，U_{a1}、U_{b1}、U_{c1}、U_{n1} 为保护用第一组 TV 二次三相电压接入端子，U_{a2}、U_{b2}、U_{c2}、U_{n2} 为保护用第二组 TV 二次三相电压接入端子，U_A、U_B、U_C、U_N 为继电保护测试仪电压输出端子。

试验方法：操作保护装置的界面键盘，调出电压通道有效值显示菜单。操作继电保护测试仪，使 a 相电压分别为 5、20、35、50、65V，观察并记录 U_{a1} 电压通道显示的各电流值。再分别加 b 相、c 相电压，重复上述试验、观察及记录。各单相电压测试完毕后，操作继电保护测试仪使三相输出电压为三相对称正序电压。要求：交流电压在 $0.01U_N$～$1.5U_N$ 范围内，相对误差不大于 2.5%或绝对误差不大于 $0.002U_N$。然后，再将继电保护测试仪的三相输出线分别改接到 U_{a2}、U_{b2}、U_{c2}、U_{n2} 电压端子上。重复上述试验、观察及记录。

（十五）保护功能调试

1. 纵联差动保护

按照构成原理分类，微机型发电机纵联差动保护有三种类型：比率制动原理、标积式制动原理、故障增量原理。调试试验以二段折线比率制动型的发电机纵差联动保护为例。

（1）两侧差动电流通道平衡状况的检查。若两侧差动电流通道调整不一致或特性相差较大，则在正常运行时就会产生较大差流，甚至可能造成保护误动。另外，在长期运行之后，两侧构成通道的硬件系统的特性可能发生变化，形成不平衡。因此，在保护出厂、新安装以及定期检验时，检查差动保护两侧通道的平衡状况是必要的。

试验接线如图 1–3–6 所示。在图 1–3–6 中，I_{a1}、I_{b1}、I_{c1}、I_{n1} 分别为机端差动 TA 二次三相电流输入端子，I_{a2}、I_{b2}、I_{c2}、I_{n2} 分别为中性点差动 TA 二次三相电流输入端子，I_A、I_B、I_C、I_N 为继电保护测试仪的三相电流输出。

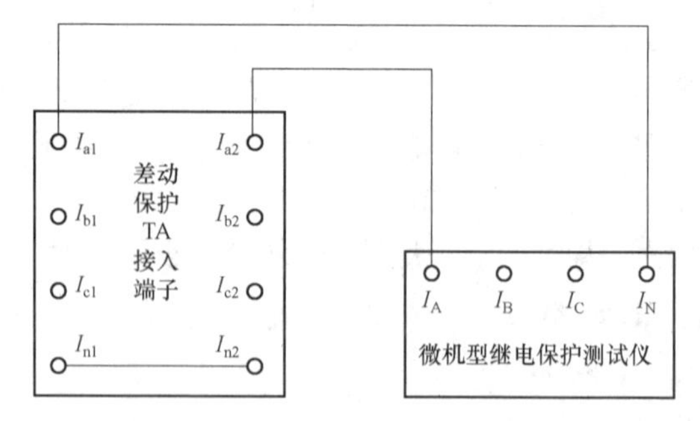

图 1–3–6 检查纵联差动保护电流通道平衡试验接线

试验方法：操作保护装置的界面键盘，调出差动保护实时参数的显示界面或显示有差动保护 A 相差流的界面。操作继电保护测试仪，使其输出电流分别为 $0.5I_N$、I_N、$2I_N$ 的工频电流，观察并记录屏幕显示的差电流。

试验完毕后，再将继电保护测试仪 I_{a1}、I_{a2} 端子上的输出线分别接到 I_{b1}、I_{b2} 和 I_{c1}、I_{c2} 端子上，重复上述试验观察和记录。对于完全纵差保护要求记录的各差流最大值应不大于 $2\%I_N$。而对于不完全纵差保护，且差动两侧的 TA 变比又相同时，其差流值

$$I = I_N\left(1-\frac{1}{n}\right) \tag{1-3-8}$$

要求：计算值与实测值的最大误差应不大于 5%或 $0.02I_N$。否则，应对被试通道重新进行调整。

（2）起始动作电流校验。试验接线如图 1–3–7 所示。在图 1–3–7 中，I_{a1}、I_{b1}、I_{c1}、I_{n1} 分别为机端差动 TA 二次三相电流输入端子，I_{a2}、I_{b2}、I_{c2}、I_{n2} 分别为中性点差动 TA 二次三相电流输入端子，I_A、I_B、I_C、I_N 为继电保护测试仪的三相电流输出。

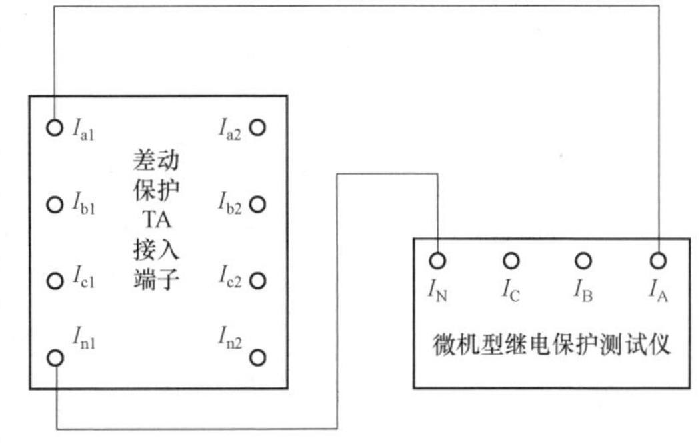

图 1–3–7　起始动作电流试验接线

试验方法：调出差动保护 A 相差电流显示通道。由零缓慢增加继电保护测试仪的输出电流直至差动保护动作，记录保护动作时的电流值及屏幕电流显示值。然后操作界面，调出差动保护 B、C 相差电流显示通道。将继电保护测试仪 I_{a1} 端子上的输出线分别接到 I_{b1}、I_{c1} 端子上，重复上述试验、观察并记录。

要求：保护动作时外加电流等于屏幕显示电流，并近似等于整定值，最大误差不大于 5%或 $0.02I_N$。

（3）动作特性曲线校验。动作特性曲线是表征差动保护动作特性的重要标志。试验接线如图 1–3–8 所示。在图 1–3–8 中，I_{a1}、I_{b1}、I_{c1}、I_{n1} 分别为机端差动 TA 二次三相电流输入端子，I_{a2}、I_{b2}、I_{c2}、I_{n2} 分别为中性点差动 TA 二次三相电流输入端子，I_A、I_B、I_C、I_N 为继电保护测试仪的三相电流输出，I_1 为发电机纵差保护机端侧注入的电流，I_2 为发电机纵差保护中性点侧注入的电流。

试验方法：给定 I_2 大小及相位，I_1 角度根据装置要求设定，I_1 初始值设置为与 I_2 等值，改变 I_1（可以增大电流，也可以减小电流）直至差动保护动作。利用模块 ZY5400103001 发电机保护装置原理给出的差动电流、制动电流计算公式，计算出制动系数以及拐点电流，并将计算结果和试验结果记录一同记录在报告中。

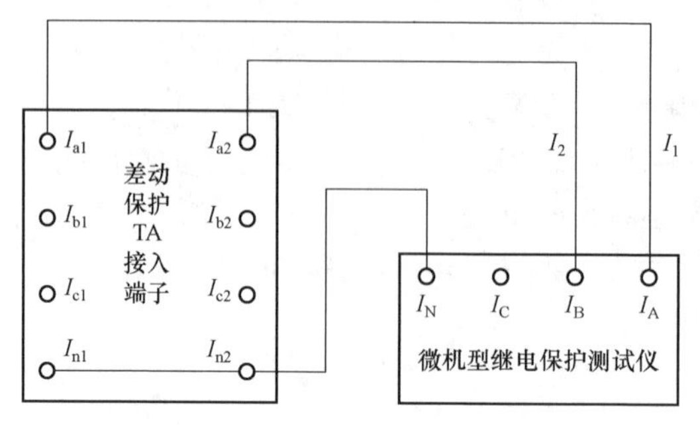

图 1-3-8　动作特性曲线试验接线

要求：计算出的拐点电流及制动系数与整定值的最大误差不大于 5%。

（4）差动速断定值校验。部分厂家的发电机纵差保护设置有差动速断保护功能，退出纵差保护软连接片后进行差动速断保护校验。差动速断保护动作值的试验接线及试验方法，与校验差动保护启动电流的方法相同。

（5）动作时间校验。纵联差动保护是发电机的主保护，其动作时间一般为 20～40ms。图 1-3-9 中，端子 1、2 为差动保护一对出口或信号触点的输出端子。该对触点与继电保护测试仪停止计时返回触点输入端 X、Y 相连接。操作继电保护测试仪，使其输出 1.2 倍差动保护初始动作电流，分别记录三相差动保护各相的动作时间。

要求：动作时间不大于 30ms。

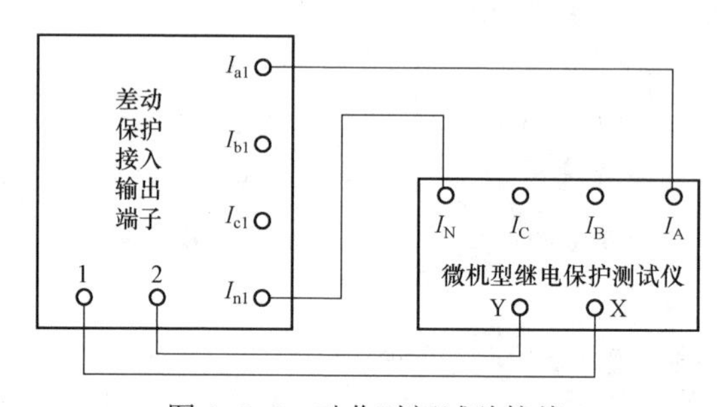

图 1-3-9　动作时间试验接线

（6）抽水蓄能机组差动保护闭锁功能校验。抽水蓄能（以下简称蓄能）机组有一组差动保护的发电机出口 TA 设置在被拖动闸刀以上的位置，在蓄能机组泵工况启动或电气制动时，这组差动保护仅有发电机中性点的 TA 能够感受到电流，会导致这组差动保护的误动。所以，要求在泵工况启动或电气制动时闭锁或退出这组差动保护。

试验方法：满足保护装置的外部条件，使保护装置的逻辑组态分别切换至泵工况启动或电气制动，按照差动保护起始动作电流校验方法，再次对差动保护进行测试。

要求：差动保护应可靠不动作。

2. 匝间保护

发电机匝间保护主要有纵向零序电压式和中性点零序电流式（单元件横差）。调试试验以单元件横差保护为例。

试验接线如图 1–3–10 所示。图 1–3–10 中，端子 I_1、I_n 为发电机两中性点之间的 TA 二次电流接入端子。端子 1、2 为单元件横差保护一对出口或信号触点的输出端子。该对接点与微机测试仪停止计时返回触点输入端 X、Y 相连接。

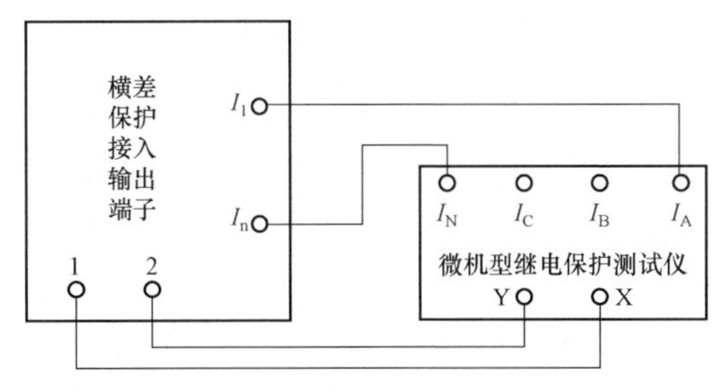

图 1–3–10 单元件横差保护试验接线

（1）单元件横差保护定值校验。暂将单元件横差保护的动作延时调整为最小。操作继电保护测试仪，逐渐增加电流，直至单元件横差保护动作。

要求：整定值与实测值的最大误差不大于 2.5%或 $0.02I_N$。

（2）单元件横差保护动作时间校验。恢复单元件横差保护的动作延时。操作继电保护测试仪，输出 1.2 倍保护动作电流，记录单元件横差保护动作时间。

要求：整定时间与实测时间最大误差不大于 1%或 70ms。

3. 定子接地保护

发电机定子接地保护的种类有很多种，有零序电压式、零序电流式、双频式、叠加直流式、叠加交流式、注入电流式等。调试试验以叠加 20Hz 电压式定子接地保护为例进行介绍。

叠加 20Hz 电压式定子接地保护从中性点接地变压器二次侧接入低频电源，也可从机端 TV 开口三角二次侧接入低频电源，构成外加电源式定子接地保护回路。一般情况下，叠加 20Hz 电压式定子接地保护有两种判据，一种是电阻判据，另一种是电流判据。

（1）电阻判据校验。试验接线如图 1–3–11 所示。

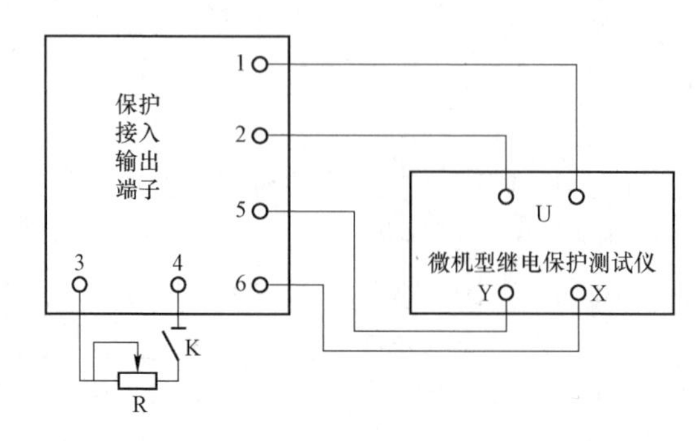

图 1-3-11 叠加 20Hz 电压式定子接地保护电阻判据试验接线

在图 1-3-11 中，端子 1、2 为 20Hz 电源电压接入端子，端子 3、4 为机端 TV 开口三角形或中性点 TV 二次的接入端子，端子 5、6 为保护出口一对触点的输出端子与微机继电保护测试仪停止计时返回触点输入端 X、Y 相连接，R 为可调电阻箱（0～100kΩ），K 为单相闸刀。

暂将保护的动作延时调至最小。操作继电保护测试仪，使其输出电压为 20Hz、100V。合闸刀 K，调节电阻 R，使其由 100kΩ 缓慢减小，至定子接地保护动作。记录保护动作时的电阻值。该电阻值与整定值的最大误差不大于 10%。

（2）电流判据校验。试验接线如图 1-3-12 所示。

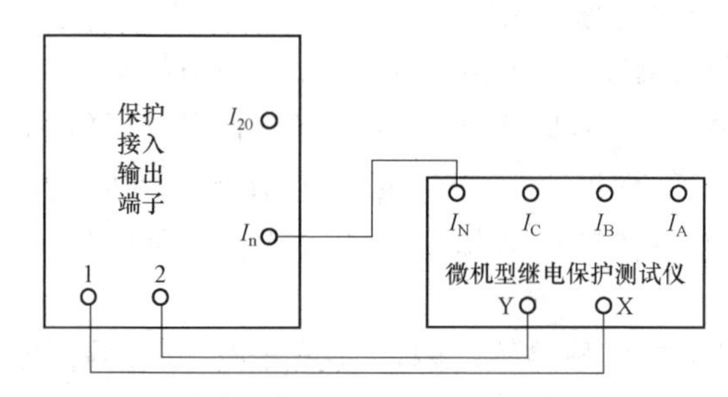

图 1-3-12 叠加 20Hz 电压式定子接地保护电流判据试验接线

在图 1-3-12 中，端子 I_{20}、I_n 为 20Hz 电流输入端子。操作继电保护测试仪，逐渐增加 20Hz 电流，直至定子接地保护动作。

要求：整定值与实测值的最大误差不大于 5%。

（3）动作时间校验。恢复保护的动作延时。操作继电保护测试仪，输出 1.2 倍的频率为 20Hz 动作电流，记录定子接地保护的动作时间。

要求：整定时间与实测时间最大误差不大于 1%或 120ms。

4. 转子接地保护

发电机转子接地保护分为发电机转子一点接地保护和发电机转子两点接地保护，转子一点接地保护主要有两种，叠加直流式（注入式）和乒乓式；转子两点接地保护主要有两种，一种是二次谐波电压式，另一种是反映接地故障点位置变化式。大中型水轮发电机组及蓄能机组的转子接地保护通常采用一点接地保护，调试试验重点介绍叠加直流式（注入式）转子一点接地保护。

叠加直流式转子接地保护注入约 50V 左右的直流电压，该电压是保护装置内部产生，电源内阻大于 50kΩ。保护的输入端与发电机转子大轴及转子绕组的负极相连接。

（1）动作值校正曲线测定。试验接线如图 1–3–13 所示。在保护端子排的接转子电压负极端子与接大轴的端子之间接入十进制电阻箱，调整电阻箱阻值分别为 5、10、20kΩ，观察并记录界面上显示测量电阻值。

要求：显示电阻值清晰稳定，显示电阻与外加电阻之差应不大于 10%。

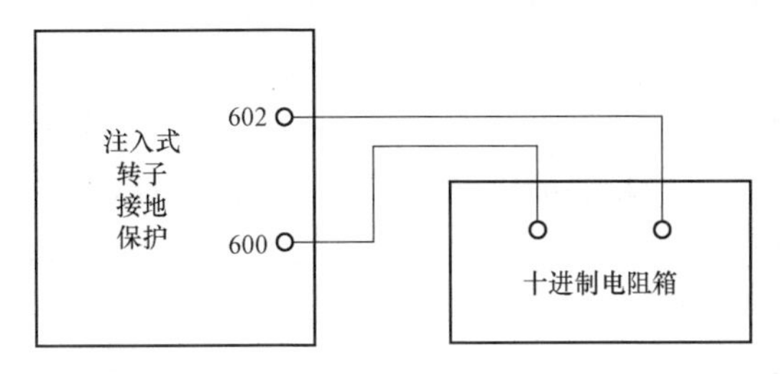

图 1–3–13 转子一点接地保护动作值校正曲线的测定试验接线

（2）动作电阻测量。模拟现场运行工况，接入专用转子一点接地测试装置，在此模拟测试装置的正极和负极之间加入一直流电压，设置接地电阻 0、5、10、20kΩ，设置接地方式负极接地、正极接地，观察界面显示的测量电阻值。

要求：显示电阻值清晰稳定，显示电阻与外加电阻之差应小于 10%。如果测量精度不满足，需检查调整硬件，重新测试。当电阻小于整定值时，保护动作，记录测试数据。

（3）动作时间校验。试验接线如图 1–3–14 所示。图 1–3–14 中，1、2 为转子一点接地保护动作一对触点的输出端子，3、4 为电子毫秒表的空接点启动计时的接入端子，5、6 为电子毫秒表的空接点停止记时接入端子，K 为单相闸刀。调节电阻箱，使其接入保护的电阻值等于 0.8 倍的整定电阻。突然合闸刀 K，记录电子毫秒表的动作时间。

要求：动作时间与整定时间的最大误差不大于 5%。

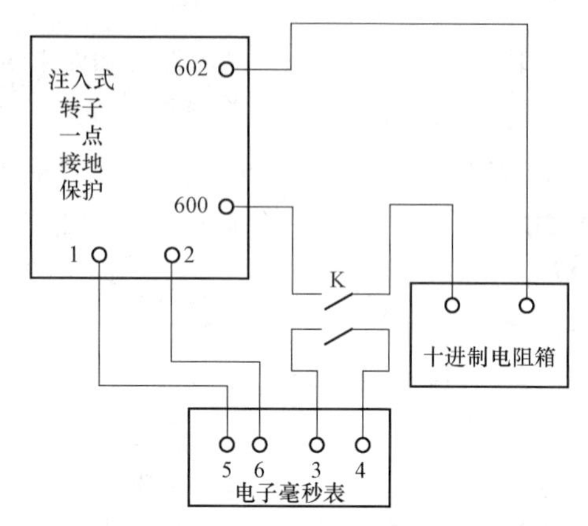

图 1–3–14　乒乓式转子一点接地保护动作时间的测量试验接线

5. 失磁保护

发电机失磁保护按照原理主要分为阻抗原理的失磁保护、导纳原理的失磁保护和逆无功+过电流原理的失磁保护。其中，导纳原理的失磁保护以西门子为代表，目前，国内的用户还并不多见；逆无功+过电流原理的失磁保护在市场上较少；只有阻抗原理的失磁保护被广泛使用。阻抗原理的失磁保护主要判据为静稳边界阻抗圆或异步边界阻抗圆，这两个阻抗圆的调试方法基本相同，这里仅以异步边界阻抗圆的调试方法为例进行介绍。

（1）动作阻抗校验。试验接线如图 1–3–15 所示。

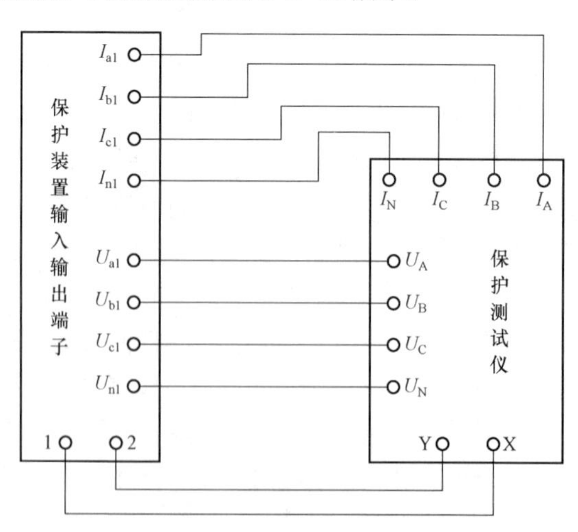

图 1–3–15　失磁保护试验接线

图 1–3–15 中，端子 U_{a1}、U_{b1}、U_{c1}、U_{n1} 及 I_{a1}、I_{b1}、I_{c1}、I_{n1} 分别为机端 TV 二次三相电压及机端（或发电机中性点）TA 二次三相电流的接入端子；而 I_A、I_B、I_C、I_N 及 U_A、U_B、U_C、U_N 则分别为继电保护测试仪的三相电流及三相电压的输出端子。

暂将失磁保护的动作延时调整为最小。操作继电保护测试仪，使输出电流为三相对称正序电流，电流值为 I（一般为 $0.5I_N$），使输出正序电压（一般为额定电压），并使电流超前电压 90°。缓慢降低三相电压，直至失磁保护动作，记录保护动作时的线电压值 U_{dz1}。继续降低电压直至保护动作返回，再缓慢升高电压值至保护重新动作，记录保护动作时的线电压值 U_{dz2}。

按式（1–3–9）进行计算阻抗圆上的两个整定值。

$$\left.\begin{aligned} X_C &= -\frac{U_{dz1}}{\sqrt{3}I} \\ X_B &= -\frac{U_{dz2}}{\sqrt{3}I} \end{aligned}\right\} \tag{1–3–9}$$

式中 X_C、X_B 分别为异步边界圆上与 Y 轴相交的点，是异步阻抗圆上最重要的两个点，利用这两个点可以求出异步边界圆的直径和圆心。

要求：计算出的 X_C、X_B 等于整定值，最大误差不大于 5%。

（2）动作阻抗圆的录制。操作保护装置界面，调出失磁保护实时参数显示界面或机端阻抗计算值显示通道。操作继电保护测试仪，注入电压（一般为额定电压）和电流（一般为 $0.5I_N$），使三相电流值超前三相电压的相角分别为 30°、60°、90°、120°、150°，重复（1）中的操作，并做试验记录。

（3）动作时间测量。恢复失磁保护的动作延时。阻抗圆确定后，可利用圆内任意一阻抗点进行时间测量，采用突加电流、电压的方法校验失磁保护的动作时间。

要求：动作时间与整定时间的最大误差不大于 1%。

6. 失步保护

发电机失步保护按测量发电机机端阻抗轨迹的原理构成。主要有两类：双遮挡器动作特性的失步保护和三阻抗元件构成透镜特性失步保护。两种特性的失步保护调试试验方法大致相同，这里主要以三阻抗元件失步保护为例。

（1）动作定值校验。三阻抗元件的失步保护原理图在模块 ZY5400103001 已经给出，试验接线与图 1–3–15 一致。

1）系统联系阻抗 Z_a 校验。暂将区域滑级次数整定为 1，透镜倾角暂改为 90°。操作继电保护测试仪输出正序三相电压值为 U，三相电流必须注入大于失步保护启动值

的电流为 I（一般为 I_N），A 相角度设置在-30°～-150°变化，以某一速度移动电压和电流之间的相位（一般设变化步长设为 6°～8°），使电流向滞后电压相位的方向上移动。结合保护联系阻抗的定值，分别采用不同的电压值 U 分别进行动态阻抗值的扫描（电压值应逐次降低，使失步保护由不动作到动作），直至失步保护动作，记录下保护动作时的电压值 U_1，可以计算出系统联系阻抗 Z_a。

2）发电机暂态阻抗 Z_b 校验。操作继电保护测试仪输出正序三相电压值为 U，三相注入大于启动值的电流为 I（一般为 I_N），A 相角度设置在 30°～150°变化，以某一速度移动电压和电流之间的相位（变化步长设为 6°～8°），使电流向超前电压相位的方向上移动。结合保护联系阻抗的定值，分别采用不同的电压值 U 分别进行动态阻抗值的扫描（电压值应逐次降低，失步保护由不动作到动作），直至失步保护发电机区域动作，记录下保护动作时的电压值 U_2，可以计算出发电机暂态阻抗 Z_b。

3）电抗线阻抗 Z_c 校验。操作继电保护测试仪进入阻抗扫描模式，依次逐渐降低电压值，直至保护动作区域由系统区变为发电机区，记录保护动作时的电压值 U_3，可以计算出电抗线阻抗 Z_c。

要求：计算出的 Z_a、Z_b、Z_c 与整定值的最大误差不大于 5%。

（2）滑极次数校验。区域滑极次数恢复原来的整定值，试验接线不变。

1）振荡中心位于系统侧滑极次数的校验。操作继电保护测试仪，注入相应的电流、电压，其电流值要求大于启动电流整定值，在试验操作过程中测量阻抗的变化轨迹始终落在电抗线 Z_c 以上，以某一速度移动电压和电流之间的相位，使测量阻抗由Ⅰ区依次通过Ⅱ区、Ⅲ区、Ⅳ区，再回到Ⅰ区，完成一次滑极。不停地重复上述过程，直至保护动作。

2）振荡中心位于发电机侧滑极次数的校验。操作继电保护测试仪，注入相应的电流、电压，其电流值要求大于启动电流整定值，在试验操作过程中测量阻抗的变化轨迹始终落在电抗线 Z_c 以下，以某一速度移动电压和电流之间的相位，使测量阻抗由Ⅰ区依次通过Ⅱ区、Ⅲ区、Ⅳ区，再回到Ⅰ区，完成一次滑极。不停地重复上述过程，直至保护动作。

要求：保护动作的滑极次数应等于整定值。

（3）蓄能机组电动机工况失步保护的校验。满足保护装置的外部条件，使保护装置的逻辑组态切换至电动机工况。电动机工况的失步保护的校验方法与发电机工况基本相同，区别在于继电保护测试仪注入的起始测量阻抗位于Ⅳ区，依次通过Ⅲ区、Ⅱ区、Ⅰ区再回到Ⅳ区为一次滑极。

要求：无论振荡中心位于系统侧，还是发电机侧，电动机工况的失步保护应能正确动作。

（4）短路工况闭锁功能校验。操作继电保护测试仪，注入相应的电流、电压，其电流值要求大于启动电流整定值，注入的起始阻抗点落在Ⅰ区，较快速度的移动电压与电流之间的相位（变化步长设定为40°～60°），依次通过Ⅱ区、Ⅲ区、Ⅳ区，再回到Ⅰ区，不停地重复上述过程。

要求：经过滑极整定值的次数之后，失步保护应可靠不动作。

（5）低于启动电流闭锁功能校验。操作继电保护测试仪，注入相应的电流、电压，其电流值要求小于启动电流整定值，注入的起始阻抗点落在Ⅰ区，以某一速度移动电压与电流之间的相位（变化步长设定为6°～8°），依次通过Ⅱ区、Ⅲ区、Ⅳ区，再回到Ⅰ区，不停地重复上述过程。

要求：经过滑极整定值的次数之后，失步保护应可靠不动作。

（6）跳开关闭锁电流定值的校核。操作继电保护测试仪，注入相应的电流、电压，其电流值大于闭锁电流的整定值，注入的起始阻抗点落在Ⅰ区，以某一速度移动电压与电流之间的相位（变化步长设定为6°～8°），依次通过Ⅱ区、Ⅲ区、Ⅳ区，再回到Ⅰ区，不停地重复上述过程。

要求：经过滑极整定值的次数之后，失步保护应可靠不动作。

7. 逆功率保护

逆功率保护是为了防止机组在发电机工况出现泵水现象而设置的保护，电流互感器极性取用应按发电工况为正功率，抽水工况为负功率。

（1）功率定值校验。试验接线和图1–3–15一致。暂将逆功率保护动作延时调至最小。操作继电保护测试仪，注入三相正序电压（一般为57V）和三相正序电流，电流和电压相位相差180°，逐渐增大电流幅值，直至保护装置动作，记录下动作时的电流值I。

按式（1–3–10）进行二次侧功率值的计算。

$$P=\sqrt{3}U_{N}I \quad (1\text{–}3\text{–}10)$$

式中　U_N——继电保护测试仪注入的线电压（一般为额定电压100V）。

要求：测得的二次侧功率值与整定值的最大误差不大于5%。

（2）蓄能机组电动工况、水泵启动过程或电气制动过程闭锁功能校验。满足保护装置的外部条件，使保护装置的逻辑组态分别切换至电动工况、水泵启动过程或电气制动过程。注入三相电压（一般为57V）和1.2倍的动作电流。

要求：逆功率保护应可靠不动作。

（3）开关开断闭锁功能校验。部分厂家的保护装置设有逆功率保护开关开断闭锁功能，只有开关在合闸状态，逆功率保护才认为是有效状态。若保护装置内确有该功能的，在进行逆功率保护校验时，应首先退出该功能，再进行以上的（1）、（2）两个步骤，否则将无法校验逆功率保护。

校验方法：投入逆功率保护的开关开断闭锁功能，注入三相电压（一般为 57V）和 1.2 倍的动作电流。

要求：逆功率保护能可靠不动作。

（4）动作时间校验。恢复逆功率保护的动作延时。操作继电保护测试仪，注入三相电压（一般为 57V）和 1.2 倍的动作电流，记录逆功率保护的动作时间。

要求：动作时间与整定时间的最大误差不大于 1%。

8. 低功率保护

低功率保护为蓄能机组特有保护，主要是防止水泵失电时，管道中水的流向转变，导致机组飞逸。电流互感器极性取用应按发电工况为正功率，抽水工况为负功率。该保护仅在电动机工况投入。

（1）功率定值校验。满足保护装置的外部条件，使保护装置的逻辑组态切换至电动机工况。试验接线和图 1–3–15 基本一致。暂将低功率保护延时调整至最小。操作继电保护测试仪，注入三相负序电压（一般为 57V）和三相负序电流（一般为 I_N），电流和电压相位相差 180°，逐渐降低电流幅值，直至保护装置动作，记录下动作时的电流值 I。注意：电动机工况与发电机工况相序相反。

按式 1–3–10 进行二次侧功率值的计算。

要求：测得的二次侧功率值与整定值最大误差不大于 10%。

（2）发电工况、调相工况、水泵启动过程或电气制动过程闭锁功能校验。满足保护装置的外部条件，使保护装置的逻辑组态分别切换至发电工况、调相工况、水泵启动过程或电气制动。注入三相电压（一般为 57V）和 0.8 倍的动作电流。

要求：低功率保护应可靠不动作。

（3）开关开断闭锁功能校验。部分厂家的保护装置设有低功率保护开关开断闭锁功能，只有开关在合闸状态，低功率保护才认为是有效状态。若保护装置内确有该功能的，在进行低功率保护校验时，应首先退出该功能，在进行以上的（1）（2）两个步骤，否则将无法校验低功率保护。

校验方法：投入低功率保护的开关开断闭锁功能，注入三相电压（一般为 57V）和 0.8 倍的动作电流。

要求：低功率保护应可靠不动作。

（4）动作时间校验。恢复逆功率保护动作延时。操作继电保护测试仪，注入三相

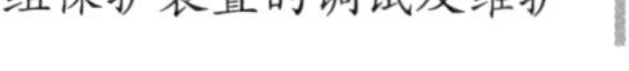

电压（一般为 57V）和 0.8 倍的动作电流，记录低功率保护的动作时间。

要求：动作时间与整定时间的最大误差不大于 1%。

9. 过励磁保护

发电机过励磁保护主要是防止磁密增强，使附加损耗增大引起局部过热的保护，一般分为定时限过励磁保护和反时限过励磁保护。以反时限过励磁保护为例进行调试试验的介绍。

试验接线如图 1–3–16 所示。

图 1–3–16 中，端子 U_{a1}、U_{b1}、U_{c1} 分别为机端 TV 二次三相电压，U_A、U_B、U_C、U_N 则分别为继电保护测试仪的三相电压的输出端子。

（1）下限动作值及动作时间的测量。调节继电保护测试仪，使其输出电压（线电压）与频率之比等于 1.05 倍的下限定值，突加电压测量动作时间，测出的时间大致等于过励磁保护下限的整定时间，误差应不大于 1%。

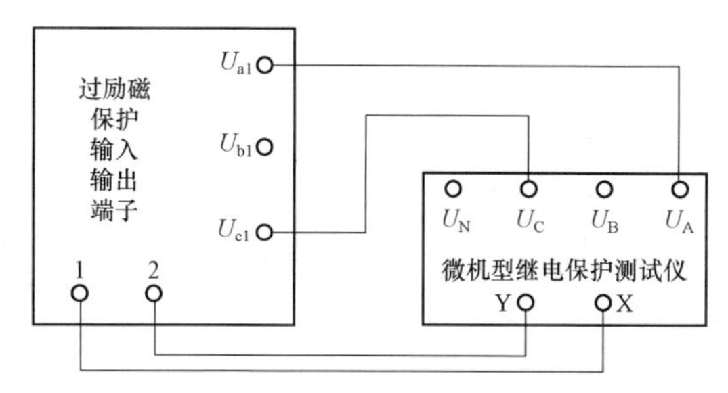

图 1–3–16　过励磁保护试验接线

（2）上限动作值及动作时间的测量。调节继电保护测试仪，使其输出电压（线电压）与频率之比等于上限过励磁保护整定值的 1.05 倍，突加电压测量动作时间，测出的时间应大致等于上限的整定时间，误差应不大于 1%。

（3）反时限特性的录制。操作继电保护测试仪，使其输出电压（线电压）与频率之比分别为 1.1、1.15、1.2、1.25、1.3、1.35 及 1.4 时，突加电压测出对应的过励磁倍数下的动作时间。

要求：测量值与整定值最大误差不大于 2.5%。

10. 低压记忆过电流保护

为提高过电流保护的动作灵敏度，必须降低其动作电流的整定值。为此，需要采用复合电压闭锁，将正常过负荷与短路故障造成的过电流区分开来。另外，随着电力系统的发展，发电机采用接在发电机出口的励磁变压器作为励磁电源。此时，为了确保发电机出口短路时能可靠动作，过电流元件采用带动作记忆型。

（1）过电流定值校验。试验接线如图 1–3–17 所示。

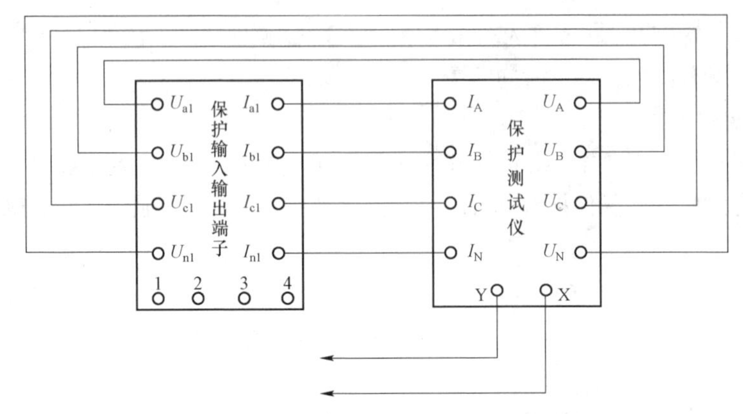

图 1–3–17　低压记忆过电流保护试验接线

图 1–3–17 中，端子 U_{a1}、U_{b1}、U_{c1}、U_{n1} 及 I_{a1}、I_{b1}、I_{c1}、I_{n1} 分别为二次三相电压及二次三相电流的接入端子；而 I_A、I_B、I_C、I_N 及 U_A、U_B、U_C、U_N 则分别为继电保护测试仪的三相电流及三相电压的输出端子。

暂将保护的动作延时调至最小，不加三相电压，将电流元件记忆时间调至最小，操作继电保护测试仪，由零缓慢增大 A 相电流至保护动作，记录动作电流。再操作继电保护测试仪，由零缓慢增大 B、C 相电流至保护动作，记录动作电流。

要求：动作电流值与整定值最大误差不大于 5%。

（2）复合电压定值校验。

1）低电压定值校验。操作继电保护测试仪，加 A 相电流，使其大于整定值，此时保护动作。另外，使继电保护测试仪输出电压为三相正序对称电压，电压由零升高至电压额定值，保护应能正确返回，再同时缓慢降低三相电压至保护动作。记录保护刚刚动作时的电压值。

要求：记录的电压值应与电压的整定值最大误差不大于 5%。

2）负序电压定值校验。操作继电保护测试仪，加入三相额定值电压及 A 相电流（大于整定值），操作界面键盘调出负序电压显示通道。缓慢降低 B 相电压或改变 B 相电压的相位至保护动作，记录保护刚刚动作时界面上显示的负序电压计算值。

要求：记录的负序电压应与整定值的最大误差不大于 5%。

（3）保护闭锁功能校验。蓄能机组在电气制动和水泵启动过程中，应闭锁低压记忆过电流保护。满足保护装置的外部条件，使保护装置的逻辑组态分别切换至电气制动或水泵启动工况。操作继电保护测试仪，使其输出低于整定值的电压，突加一相或三相 1.2 倍的动作电流。

要求：低压记忆过电流保护应可靠不动作。

（4）动作时间校验。恢复低压记忆过电流保护的动作时间。将延时出口的一对触点的输出端子接入继电保护测试仪，操作继电保护测试仪，使其输出低于整定值的电压，突加一相或三相 1.2 倍的动作电流，测量动作时间，并记录。

要求：动作时间与整定时间的最大误差不大于 5%。

（5）电流记忆元件记忆时间的测量。恢复电流记忆时间的动作延时。合理选择微机继电保护测试仪的工作方式，使其在加入保护中的电流消失后，开始测量保护电流元件的延时返回时间。将继电保护测试仪的 X、Y 端子与电流记忆元件的相关触点连接，加单相电流使保护动作，突然断开电流测返回时间，记录动作返回延时。

要求：测量时间与整定时间最大误差不大于 5%。

11. 低频过电流保护

低频过电流保护为蓄能机组在电气制动和水泵启动过程中的主保护，在机组并网后应闭锁或退出。

（1）动作定值校验。试验接线如图 1–3–18 所示。

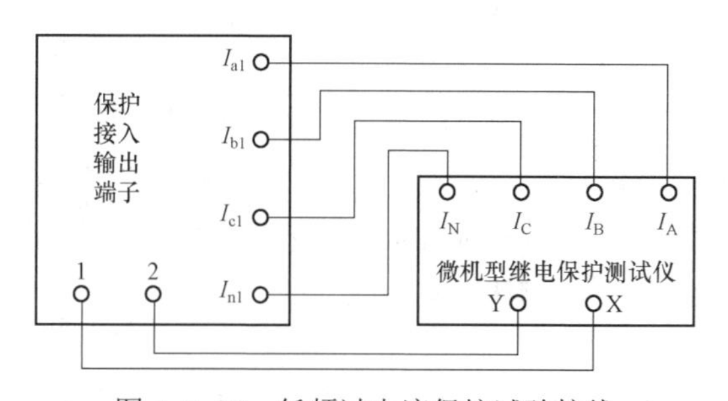

图 1–3–18　低频过电流保护试验接线

图 1–3–18 中，端子 I_{a1}、I_{b1}、I_{c1}、I_{n1} 分别为二次三相电流的接入端子，I_A、I_B、I_C、I_N 分别为继电保护测试仪的三相电流输出端子。

暂将保护的动作延时调至最小，操作继电保护测试仪注入 A 相工频电流，逐渐增加电流直至保护动作。在 40、30、20、10Hz 频率下重复进行该项试验。试验完毕，对 B、C 两相分别重复进行该试验。

要求：动作电流值应与整定值最大误差不大于 10%。

（2）闭锁功能校验。蓄能机组在发电机并网后和电动机并网后，应闭锁低频过电流保护。满足保护装置的外部条件，使保护装置的逻辑组态分别切换至发电机工况或电动机工况。操作继电保护测试仪，使其输出工频电流，突加一相或三相 1.2 倍的动作电流。

要求：低频过电流保护应可靠不动作。

（3）动作时间校验。恢复保护动作延时，在不同频率下注入 1.2 倍的动作电流，分别记录动作时间。

要求：动作时间应与整定值最大误差不大于 1%。

12. 负序过电流保护

负序过电流保护分为定时限负序过电流和反时限过电流保护，主要反映发电机不对称过负荷和不对称短路故障。以下重点介绍反时限负序过电流保护的调试试验方法。

（1）下限动作电流及动作时间的校验。试验接线与图 1–3–18 一致。操作继电保护测试仪，突然注入 $1.05I_{2set}$ 三相对称负序电流测动作时间。测出的时间大致等于理论上的反时限动作曲线 t_{max} 时间的整定值（下限定时限整定值），最大误差应不大于 5%。

（2）上限动作电流及动作时间的校验。操作继电保护测试仪，使加入保护的三相对称负序电流的值等于 $1.05I_{2h}$（上限定值）。突加电流测动作时间。测出的时间应大致等于上限延时的整定值。最大误差应不大于 5%。

（3）反时限特性的校验。操作继电保护测试仪，使输出的三相负序电流标幺值等于 1.1，突加电流测量动作时间，再使三相负序电流标幺值分别等于 2、3、4、5、6 等，突加电流测量动作时间。

要求：测量时间近似等于按反时限公式计算时间，误差不大于 5%。

13. 定子对称过负荷保护

定子对称过负荷保护分为定时限过负荷保护和反时限过负荷保护，定时限过负荷保护与一般的过电流保护调试方法基本相同，这里不再赘述。主要介绍反时限过负荷保护调试试验方法。

（1）反时限下限动作电流及动作时间的校验。试验接线与图 1–3–18 一致。操作继电保护测试仪，通入装置三相 1.05 倍的反时限启动电流定值，突加电流测动作时间。测出的时间大致等于理论上的定子绕组过负荷反时限动作曲线 t_{max} 时间的整定值（下限定时限整定值），最大误差应不大于 5%。

（2）反时限上限动作电流及动作时间的校验。操作继电保护测试仪，使加入保护的三相电流的值等于 $1.05I_{h}$（上限定值），突加电流测动作时间。测出的时间应大致等于上限延时的整定值。最大误差应不大于 5%。

（3）反时限特性的校验。操作继电保护测试仪，使输出三相电流的标幺值等于 1.5，突加电流测动作时间。再使三相电流标幺值分别等于 2、3、4、5、6 等，突加电流测量动作时间。

要求：测量时间等于按反时限公式计算时间，误差不大于 5%。

14. 过电压保护

水轮发电机组和抽水蓄能机组，应配置过电压保护，防止电压过高导致定子绕组绝缘被破坏。

（1）过电压保护定值校验。试验接线如图 1–3–19 所示。图 1–3–19 中，端子 U_{a1}、U_{b1}、U_{c1}、U_{n1} 为二次三相电压，U_A、U_B、U_C、U_N 为继电保护测试仪三相电压的输出端子。

暂将过电压保护动作延时调整为最小，操作继电保护测试仪，输入 A、B 相额定电压，逐渐增加电压直至保护动作，记录动作的电压值；操作继电保护测试仪，输入 B、C 或 A、C 相额定电压，逐渐增加电压直至保护动作，记录动作的电压值。

要求：整定值与实测值的最大误差不大于 2.5%。

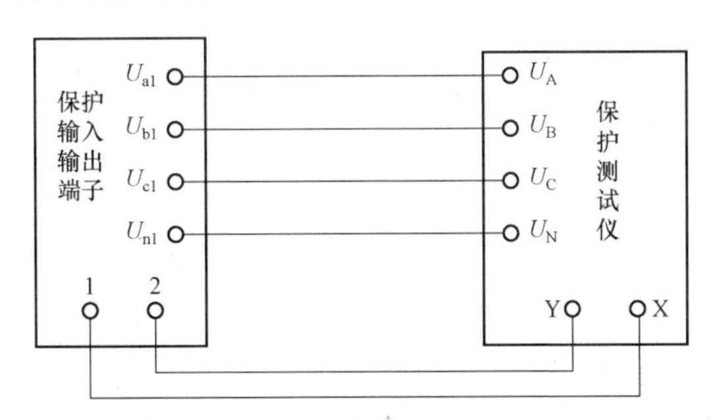

图 1–3–19 过电压保护试验接线

（2）过电压保护动作时间校验。恢复过电压保护动作延时定值。操作继电保护测试仪，输出 1.2 倍保护动作电压，分别记录以上三种情况下过电压保护动作时间。

要求：测得的动作时间应与整定时间的最大误差不大于 1%。

15. 低频率保护

蓄能机组在水泵工况时，要从电网吸收大量的功率，为了防止水泵工况时电网频率太低配置了低频率保护。

（1）低频率保护定值校验。暂将低频率保护动作延时调整为最小，试验接线与图 1–3–19 一致。操作继电保护测试仪，注入单相或三相额定工频电压，逐渐降低输出电压的频率直至保护动作。

要求：整定值与实测值的最大误差不大于 5%。

（2）低频率保护闭锁功能校验。低频率保护仅在水泵工况投入，其他工况均应被闭锁。满足保护装置的外部条件，使保护装置的逻辑组态分别切换至发电机工况、调相工况、水泵启动工况、电气制动工况。操作继电保护测试仪，使其输出 0.95 倍定值的额定低频电压。

要求：除电动机以外的工况，低频率保护应可靠不动作。

（3）开关开断闭锁功能校验。部分厂家的保护装置设有低频率保护开关开断闭锁功能，只有开关在合闸状态，低频率保护才认为是有效状态。若保护装置内确有该功能的，在进行低频率保护校验时，应首先退出该功能，在进行以上的（1）（2）两个步骤，否则将无法校验低频率保护。投入低频率保护的开关开断闭锁功能，注入 0.95 倍定值的额定低频电压。

要求：低频率保护应可靠不动作。

（4）低频率保护动作时间校验。恢复低频率保护动作延时定值，操作继电保护测试仪，注入 0.95 倍定值的额定低频电压，记录低频率保护的动作时间。

要求：测得的动作时间应与整定值的最大误差不大于 5%。

16. 相序保护

蓄能机组的相序保护一般分为发电方向相序保护和抽水方向相序保护，相序保护一般不作用跳闸。

（1）发电方向相序保护校验。满足保护装置的外部条件，使保护装置的逻辑组态切换至发电机工况。试验接线与图 1–3–19 一致。操作继电保护测试仪，注入三相对称负序电压，逐渐增大电压值，直至保护动作，记录保护动作的电压值。

要求：整定值与实测值的最大误差不大于 5%。

（2）抽水方向相序保护校验。满足保护装置的外部条件，使保护装置的逻辑组态切换至电动机工况。试验接线与图 1–3–19 基本一致。操作继电保护测试仪，注入三相对称正序电压，逐渐增大电压值，直至保护动作，记录保护动作的电压值。

要求：整定值与实测值的最大误差不大于 5%。

17. 失灵保护

断路器失灵保护动作条件有其他保护跳闸信号启动、电流持续存在、断路器仍在合闸位置（蓄能机组要求发电机出口断路器和换相闸刀同时在合的位置）。

（1）失灵保护定值校验。试验接线如图 1–3–20 所示。

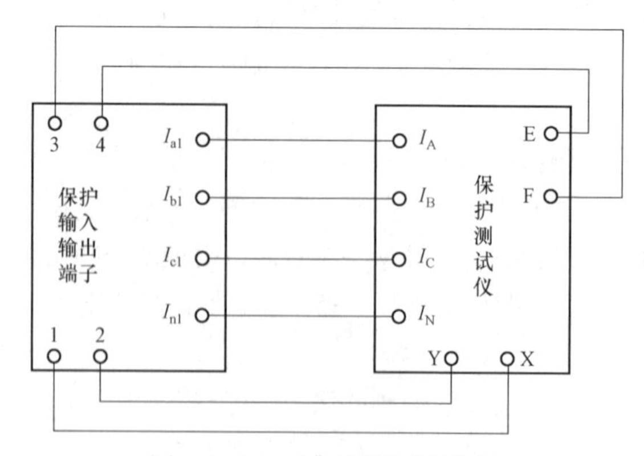

图 1–3–20　失灵保护试验接线

图 1–3–20 中，端子 I_{a1}、I_{b1}、I_{c1}、I_{n1} 分别为二次三相电流的接入端子，I_A、I_B、I_C、I_N 分别为继电保护测试仪的三相电流输出端子，1、2 为失灵保护动作后输出信号的一对触点，接在微机继电保护测试仪停止计时返回触点输入端 X、Y 上；E、F 为继电保护测试仪开关量输出，3、4 为外部保护跳闸启动失灵保护的开关量输入。

暂将失灵保护动作延时调整为最小，模拟外部条件，使断路器合闸信号送入保护装置（蓄能机组应将断路器合闸信号，换相闸刀合闸信号同时送入保护装置）。操作继电保护测试仪，给保护装置 3、4 端子提供开入量，模拟外部保护动作信号。操作继电保护测试仪，注入单相或三相电流，逐渐增大该电流，直至失灵保护动作，记录下失灵保护的动作值。

要求：整定值与实测值的最大误差不大于 5%。

（2）开关（隔离开关）位置闭锁功能校验。不将断路器合闸信号送入保护装置，重复以上的（1）步骤进行试验；蓄能机组可模拟断路器、换相闸刀任意一个合闸位置丢失，重复以上（1）步骤进行试验。

要求：失灵保护应可靠不动作。

（3）失灵保护动作时间校验。恢复失灵保护动作延时定值，模拟外部条件，使断路器合闸信号送入保护装置（蓄能机组应将断路器合闸信号，换相闸刀合闸信号同时送入保护装置）。操作继电保护测试仪，给保护装置 3、4 端子提供开入量，模拟外部保护动作信号。操作继电保护测试仪，注入 1.2 倍失灵保护动作电流，记录失灵保护的动作时间。

要求：测得的动作时间与整定时间最大误差不大于 5%。

18. 轴电流保护

根据每台发电机的金属结构设计不同，形成轴电流回路的方式可能有所区别，如有的发电机为伞式结构，有的未装设绝缘碳刷，有的未装设 TA 等，这些都会影响到轴电流形成和检测的方式。调试试验以 ABB 生产的 RARIC 轴电流保护为例进行介绍。

（1）轴电流保护一次侧定值校验。RARIC 型轴电流保护原理图在模块 ZY5400103001 已经给出。暂将轴电流保护延时调整为零，试验接线如图 1–3–21 所示。

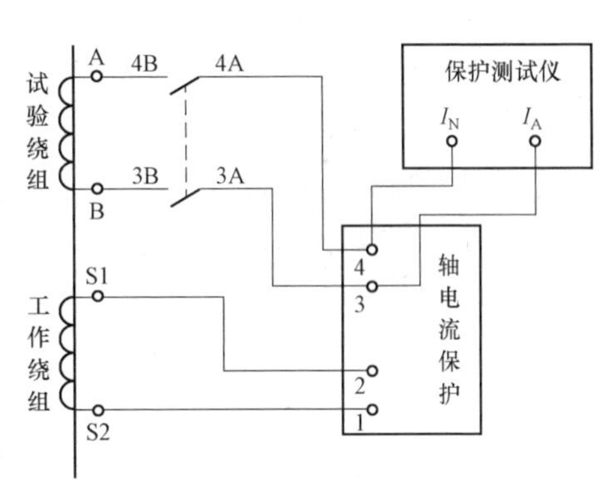

图 1–3–21 轴电流保护试验接线

图 1–3–21 中，端子 A、B 为轴电流互感器的试验绕组，试验时应通过中间转接的端子 3、4，将继电保护测试仪电流输出通道（I_A、I_N）与试验绕组连接，注入单相电流，逐渐增

大该电流，直至轴电流保护动作，记录下轴电流保护的动作值。

要求：整定值与经过轴电流互感器变比折算过的实测值最大误差不大于10%。

（2）轴电流保护二次侧定值校验。图1–3–21中，端子S1、S2为轴电流互感器二次侧工作绕组，试验时应将该绕组的二次接线从1、2端子上拆除，将1、2端子直接接入继电保护测试仪的 I_A、I_N。操作继电保护测试仪，注入电流，逐渐增大该电流，直至轴电流保护动作，记录下轴电流保护的动作值。

要求：整定值与实测值的最大误差不大于10%。

（2）轴电流保护动作时间校验。恢复轴电流保护动作延时定值，取RARIC保护装置上的一副动作信号输出触点接入继电保护测试仪，操作继电保护测试仪，在端子1、2上注入1.2倍二次动作电流，记录轴电流保护的动作时间。

要求：测得的动作时间与整定时间的最大误差不大于10%。

（十六）整组试验

发电机保护装置在做完每一套单独保护的功能检验后，需要将同一被保护设备的所有保护装置连在一起进行整组的检查试验，以校验发电机保护装置在故障过程中的动作情况和保护回路设计正确性及其调试质量。新安装装置的验收检验或全部检验时，用继电保护测试仪从发电机保护装置的电压、电流二次回路的引入端子处，向同一被保护设备的所有装置通入模拟的电压、电流量，以检验各装置在故障过程中的动作情况。首先进行每一套保护（指几种保护共用一组出口的保护总称）带模拟断路器（或带实际断路器或采用其他手段）的整组试验。每一套保护传动完成后，用继电保护测试仪模拟一次设备发生单相接地、两相短路、两相短路接地、三相短路等各种故障，用所有保护带实际断路器进行整组试验。整组试验结束后应在恢复接线前测量交流回路的直流电阻。工作负责人应在继电保护记录中注明哪些保护可以投入运行，哪些保护需要利用负荷电流及工作电压进行检验以后才能正式投入运行。

保护带实际断路器的传动试验属于整组试验的一部分，是整组试验最重要的项目之一。部分检验时，只需每套保护带实际断路器进行一次传动试验。部分检验时可以从保护盘柜端子排上注入电压、电流，仅用继电保护测试仪模拟一种类型的故障，作用于涉及本套保护装置出口所带的所有断路器应全部正确跳闸。

（十七）发电机启动前检查

发电机启动前，应根据要求对其整套保护装置及二次回路性能和正确性进行最后的核准和验证，并对某些保护的定值进行整定。发电机保护重点检查项目：

1. 二次回路检查

检查TA、TV的二次回路、开关量输入回路、转子电压输入回路、隔离开关辅助接点回路、信号输出回路、光字音响回路、启动其他保护回路及出口跳闸回路与保护装置实际要求相符，并与设计图纸完全一致。

2. 二次端子紧固检查

用专用螺丝刀拧紧端子排上的所有接线端子，特别是 TA 二次端子排上的连接片固定螺钉。

3. 定值单核对

打印一份完整的定值清单，并仔细与相关部门下达的定值通知单进行核对（特别是控制字），要求二者完全一致。

4. 互感器接地点检查

各组 TA、TV 二次只能有一个“保安”接地点；合电流 TA 有且仅有一个接地点，且接地点应在保护盘柜内。

5. 试验仪器及临时接线拆除检查

拆除在检验时使用的试验设备、仪表及一切连接线，清扫现场，接入的连接线应全部恢复正常，所有信号装置应全部复归。

6. 清除试验时的故障记录

清除试验过程中微机装置及故障录波器产生的故障报告、告警记录等所有报告。

7. 工作记录检查

填写继电保护工作记录，将主要检验项目和传动步骤、整组试验结果及结论、定值通知单执行情况详细记载于内，对变动部分及设备缺陷、运行注意事项应加以说明，并修改运行人员所保存的有关图纸资料。向运行负责人交代检验结果，并写明该装置是否可以投入运行。

8. 合分闸脉冲信号检查

运行人员在将装置投入前，必须根据信号灯指示或者用高内阻电压表以一端对地测端子电压的方法检查并证实被检验的发电机保护装置确实未给出跳闸或合闸脉冲，才允许将装置的连接片接到投入的位置。

（十八）工作电压及一次电流检查

对于随着新发电机进行安装的保护装置，其工作电压校验应在并网之前的发电机空载试验（发电机零起升压）时进行；一次电流校验应在并网之前的短路试验（发电机零起升流）时进行。对于保护装置全部定期检验或部分定期检验后，发电机保护装置的工作电压校验应在发电机投入励磁但未并网时（发电机空载运行）；发电机保护装置的一次电流校验应在发电机并网后利用负荷电流进行校验（发电机负荷运行）。

1. 发电机保护装置工作电压校验及一次电流校验的主要项目

（1）测量电压、电流的幅值及相位关系。

（2）测量差动保护各组电流互感器的相位及差动回路中的差电流，以判明差动回路接线的正确性及电流变比补偿回路的正确性。发电机差动保护在投入运行前，除测定相回路和差回路外，还必须测量各中性线的不平衡电流，以保证装置和二次回路接线的正确性。

（3）检查相序滤过器不平衡输出的数值，应满足装置的技术条件。

（4）检查逆功率保护、低功率保护功率方向的正确性。

（5）检查低阻抗保护、失磁保护、失步保护阻抗方向的正确性。

2. 发电机空载、负荷运行时工作电压校验和一次电流校验的步骤和方法

（1）发电机空载运行时工作电压校验的步骤和方法。设置电厂（站）内监控系统的起机模式为自动程序控制模式，操作人员远方或现地进行起机操作（停机到空载）。发电机进入稳态空载运行后，操作保护装置界面键盘（或触摸屏），调出通道有效值测量菜单。可以观察并记录发电机机端 TV 星形绕组测量的三相电压的大小和相位、机端 TV 零序开口三角形绕组测量电压的大小和相位、机端相电压的频率、转子电压、转子电流、三次谐波电压以及保护装置内部软件计算出的正序、负序、零序电压和过励磁系数等。

（2）发电机负荷运行时一次电流校验的步骤和方法。待发电机空载试验的数据记录完毕，操作人员远方或现地进行工况转换操作（发电机由空载运行到并网负荷运行）。发电机并网后进入稳态负荷运行后，操作保护装置界面键盘（或触摸屏），调出通道有效值测量菜单。可以观察并记录发电机机端 TA 三相电流的大小和相位、发电机中性点 TA 的三相电流大小和相位、单元件横差 TA 测量电流大小和相位，以及保护装置内部软件计算出的差动、制动电流和正序、负序、零序电流，负序过电流热积累量，定子过负荷积累量以及发电机空载运行时的各种电压量等。通过保护测量到的电流和电压，内部软件可以自动计算保护的三相有功、无功、视在功率、阻抗等参数。

（3）发电机空载、负荷运行时保护测量的实时数据记录表。发电机空载、负荷运行时保护测量的实时数据记录表见表 1–3–1。

表 1–3–1　　发电机空载、负荷运行时保护测量的实时数据记录表

通道名称	大小（有效值）	相位	备注（说明）
发电机机端 A 相电流			
发电机机端 B 相电流			
发电机机端 C 相电流			
发电机中性点 A 相电流			
发电机中性点 B 相电流			
发电机中性点 C 相电流			

续表

通道名称	大小（有效值）	相位	备注（说明）
A 相差动电流			
B 相差动电流			
C 相差动电流			
A 相制动电流			
B 相制动电流			
C 相制动电流			
发电机机端 A 相电压			
发电机机端 B 相电压			
发电机机端 C 相电压			
零序电压（$3U_0$）			
频率			
正序电流			
负序电流			
零序电流			
正序电压			
负序电压			
零序电压			
A 相有功功率			
B 相有功功率			
C 相有功功率			
A 相无功功率			
B 相无功功率			
C 相无功功率			
A 相视在功率			
B 相视在功率			
C 相视在功率			
发电机总有功功率			
发电机总无功功率			
发电机总视在功率			
发电机功率因数			
发电机 A 相测量阻抗			

续表

通道名称	大小（有效值）	相位	备注（说明）
发电机 B 相测量阻抗			
发电机 C 相测量阻抗			
转子电流			
转子电压			
过励磁倍数			
负序过电流热积累量			
对称过负荷热积累量			
转子绝缘			
20Hz 电流			
定子绝缘			
中性点三次谐波电压			
机端三次谐波电压			

（十九）保护功能动态调试

对于新装或大修后的发电机，为检查一次设备及二次设备回路的性能和正确性，在并网运行前通常要做短路试验和空载试验；为测定发电机一些重要参数，还需进行发电机机端一点接地试验、发电机中性点一点接地试验、转子一点接地试验；有的发电机还要进行两相短路试验和两相接地短路试验。可以利用这些试验对发电机保护功能进行动态的校验。

1. 短路试验

在进行短路试验时，短路点可以取在机端、主变压器低压侧、主变压器高压侧、线路侧、厂用高压变压器低压侧等位置。这里主要介绍短路点位于主变压器高压侧的三相短路试验，试验时的一次系统接线如图 1–3–22 所示。

在短路试验的过程中，对全套发电机保护测量和检查的项目有：各组保护用 TA 二次电流的测量、发电机纵差保护动态校验、低压记忆过电流保护动态校验、定子过负荷保护动态校验、低频过电流保护动态校验、负序过电流保护动态校验。

（1）各组保护用 TA 二次电流的测量。

试验条件：在发电机升电流之前退出发电机差动保护及其他保护的出口连接片，但要保留热工保护及过电压保护正常投入，同时为防止励磁系统失控故障，可以暂将低压记忆过电流保护或低频过电流保护定值调大，按躲过短路试验时的最大试验电流进行整定。

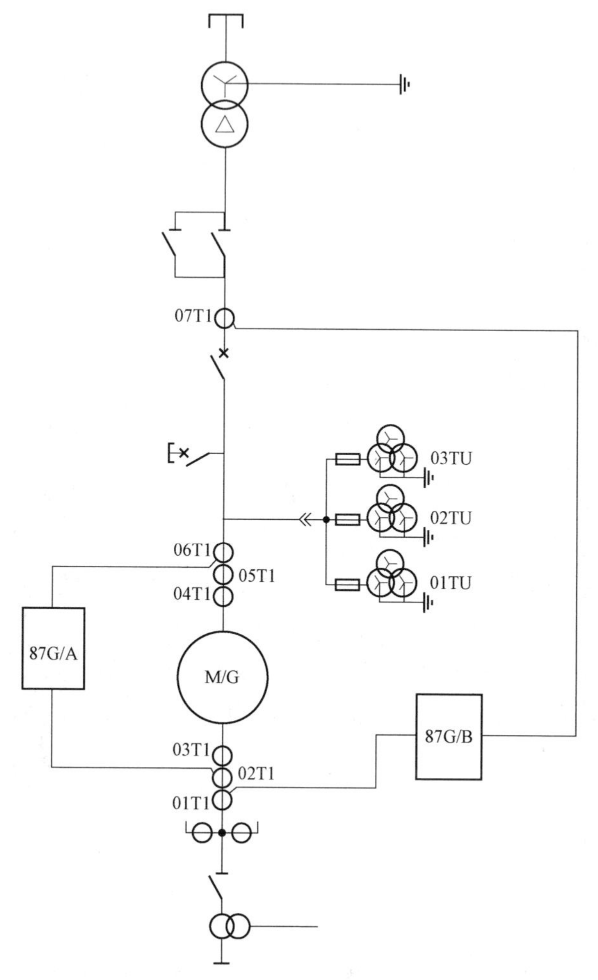

图 1–3–22　短路试验一次系统接线图

试验步骤：操作保护装置界面键盘，调出界面显示电流的通道。合上灭磁开关，手动调节励磁，缓慢增大发电机的电流，当发电机电流在 $0.1I_N$ 时，观察界面显示的各电流，并进行记录。当确定各组 TA 二次回路可靠导通且电流大小和相位均正确无误之后，继续升高发电机电流，分别在 $0.2I_N$、$0.3I_N$、$0.4I_N$、$0.5I_N$、$0.6I_N$、$0.7I_N$、$0.8I_N$、$0.9I_N$、$1.0I_N$、$1.1I_N$ 时观察界面显示电流，并进行记录。

要求：各组 TA 二次各相均有电流。若发现某组 TA 的某相无二次电流，应尽快将发电机电流减到零，跳开灭磁开关，并查明原因及时处理。发电机系统中各组 TA 二次各相的电流应相等，其值应等于 I_N/n_{N1}（n_{N1} 为发电机系统 TA 的额定变比），其最大误差应不大于 3%。

（2）发电机纵差保护动态校验。

1）纵差保护差流的测量。维持发电机的电流为 I_N，操作界面键盘调出发电机差动保护的三相差流显示通道，观察并记录各相差流。

要求：各相差流值近似等于 0，各相差流应不大于 2%I_N。

2）差动保护动态整定值校验。

试验条件：投入差动保护功能连接片，定值按正式下发的定值单整定。发电机的灭磁开关在断开位置。在保护柜后端子排上，分别用专用 TA 二次回路短接线，将发电机差动保护一侧 TA 的二次侧短接起来。

试验步骤：操作保护装置界面键盘，调出差动保护各相差流的显示值。合上灭磁开关，手动调节励磁，缓慢增大发电机的电流，直至发电机差动保护动作，记录界面上显示的差动保护各相差流。

要求：差动保护动作电流等于差动保护起始电流的整定值，误差应不大于 5%。

（3）低压记忆过电流保护动作校验。

试验条件：暂将低压记忆过电流保护的电流元件的整定值调整为 0.5I_N，将保护的动作延时调至为最小，将电流元件记忆时间调至为最小。

试验步骤：操作保护装置界面键盘，调出界面显示电流的通道。合上灭磁开关，手动调节励磁，缓慢增大发电机的电流，直至低压记忆过电流保护动作，记录界面上显示的电流值。

要求：低压记忆过电流保护动作时的电流近似等于 0.5I_N，误差应不大于 5%。

（4）低频过电流保护动态校验。

试验条件：暂将低频过电流保护的整定值调整为 0.5I_N，将保护的动作延时调至为最小。

试验步骤：操作保护装置界面键盘，调出界面显示电流的通道。合上灭磁开关，手动调节励磁，缓慢增大发电机的电流，直至发电机低频过电流保护动作，记录界面上显示的电流值。

要求：低频过电流保护动作时间的电流近似等于 0.5I_N，误差应不大于 5%。

（5）负序过电流保护动作校验。

试验条件：发电机的灭磁开关在断开位置。在保护柜后端子排上，将 TA 二次回路的 A 相与 C 相互换，将发电机 A 相二次电流送入保护装置 C 相电流通道，将发电机 C 相二次电流送入保护装置的 A 相电流通道。

试验步骤：操作保护装置界面键盘，调出界面显示电流的通道。合上灭磁开关，手动调节励磁，缓慢增大发电机的电流至 1.1 倍的负序过电流保护下限定值，记录保护的动作时间。

要求：测出的时间应近似等于下限延时的整定值，最大误差 10%。

（6）定子过负荷保护动态校验。

试验步骤：操作保护装置界面键盘，调出界面显示电流的通道。合上灭磁开关，手动调节励磁，缓慢增大发电机的电流至 1.1 倍的定子过负荷保护下限定值，记录保护的动作时间。

要求：测出的时间应近似等于下限延时的整定值，最大误差 10%。

2. 发电机两相短路接地试验

部分发电厂（站）有条件时，应进行发电机两相短路接地试验。在两相短路接地试验的过程中可以动态校验单元件横差保护。

试验条件：将发电机出口三相母线中的其中两相，用短路铜排可靠连接，并通过接地铜排可靠接地。

试验步骤：暂将单元件横差保护的延时调整为最小。操作保护界面键盘，调出单元件横差 TA 电流通道。合上灭磁开关，手动缓慢增加发电机励磁，直至单元件横差保护动作，记录动作时电流值。

要求：动作时的电流值近似等于单元件横差保护的整定值。误差应不大于 5%。

3. 空载试验

发电机空载试验一次系统接线如图 1–3–23 所示。

在空载试验的过程中，对全套发电机保护测量和检查的项目有：发电机机端 TV 二次电压的测量、发电机过励磁、过电压、低频率保护的动态校验。

（1）发电机机端二次电压的测量。

试验条件：引入发电机保护柜的所有 TV 二次电压线，已全部接到了保护柜后的端子排上。

试验步骤：操作保护装置的界面键盘，调出界面显示电压的通道，合上灭磁开关，手动调节励磁，缓慢增大发电机的电压，当发电机电压在 $0.1U_N$ 时，观察界面显示的各电压，并进行记录。当确定各组电压的大小和相位均正确无误后，继续升高发电机的电压，分别在 $0.2U_N$、$0.3U_N$、$0.4U_N$、$0.5U_N$、$0.6U_N$、$0.7U_N$、$0.8U_N$、$0.9U_N$、$1.0U_N$、$1.1U_N$ 时观察界面显示电压，并进行记录。

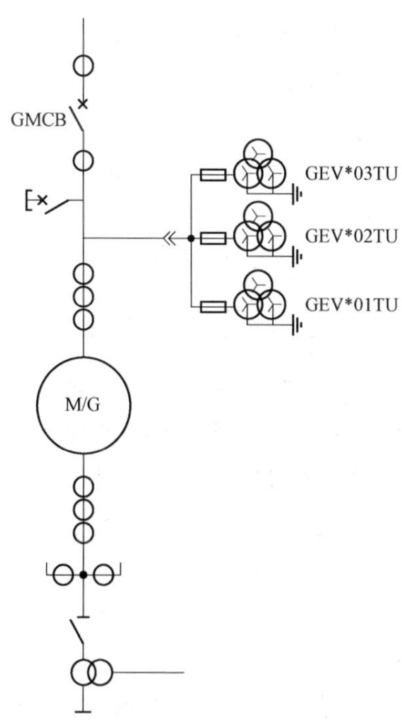

图 1–3–23 空载试验一次系统接线图

要求：各组 TV 二次各相均有电压。若发现某组 TV 的某相无二次电压，应尽快将发电机电压减到零，跳开灭磁开关，并查明原因及处理。发电机系统中各组 TV 二次各相的电压应相等，其值应等于 U_N/n_{N1}（n_{N1} 为发电机系统 TV 的额定变比），其最大误差应不大于 3%。

（2）过励磁保护动态校验。

试验步骤：操作保护装置界面键盘，调出界面显示电压的通道。合上灭磁开关，手动调节励磁，缓慢增大发电机的电压至 1.1 倍的过励磁保护下限定值，记录保护的动作时间。

要求：测出的时间应近似等于下限延时的整定值，最大误差 10%。

（3）过电压保护动作校验。

试验条件：暂将过电压保护的整定值调整为 $1.1U_N$，将保护的动作延时调至为最小。

试验步骤：操作保护装置界面键盘，调出界面显示电压的通道。合上灭磁开关，手动调节励磁，缓慢增大发电机的电压，直至发电机过电压保护动作，记录界面上显示的电压值。

要求：过电压保护动作时的电压应近似等于 $1.1U_N$，误差应不大于 5%。

（4）低频率保护动态校验。

试验条件：暂将低频率保护的动作延时调至为最小。

试验步骤：操作保护装置界面键盘，调出界面显示频率的通道。合上灭磁开关，手动调节励磁，使发电机的电压维持在额定电压。将调速器切换至手动方式，逐渐关闭发电机导水叶，降低发电机的转速，直至低频率保护动作，记录界面上显示的频率。

要求：低频率保护动作时，界面上显示的频率近似等于低频率保护的整定值，误差应不大于 5%。

4. 发电机机端一点接地试验

发电机机端一点接地试验，对全套发电机保护测量和检查的项目主要是：动态校验基波零序电压原理的定子接地保护。

试验条件：在确认灭磁开关已断开的情况下，将发电机机端 TV 某相（例如 A 相）一次熔断器的上端（即接发电机引出母线的一端）通过长 1m、额定电流为 10A 的熔丝及串接专用接地线直接接地。试验前，打开定子接地保护出口连接片，操作保护装置界面键盘，调出定子接地保护 $3U_0$ 电压值的显示通道。暂将 $3U_0$ 保护的动作延时调到最小。

试验步骤：合上灭磁开关，手动缓慢增加发电机电压直至定子接地保护动作，记录定子接地保护动作时的发电机电压及输入接地保护的 $3U_0$ 电压。

要求：若输入保护的零序电压取自机组 TV 开口三角形绕组两端或取自变比为 $U_N/(\sqrt{3}\times0.1kV)$ 发电机中性点 TV 二次，保护动作时，输入保护的 $3U_0$ 电压应近似等于保护的整定值。误差应不大于 5%。

5. 发电机中性点一点接地试验

发电机中性点一点接地试验，对全套发电机保护测量和检查的项目主要是：动态校验三次谐波原理的定子接地保护。

试验条件：在确认灭磁开关已断开的情况下，发电机中性点通过长 1m 的熔丝及串接专用接地线直接接地。暂将三次谐波原理的定子接地保护延时调至最小。操作保护装置界面键盘，调出三次谐波定子接地保护的计算 U_3 电压及动作量和制动量的显示通道。

试验步骤：合上灭磁开关，手动缓慢增加发电机电压直至三次谐波定子接地保护动作，记录定子接地保护动作时的发电机电压 U_{3S}、U_{3N} 电压及制动量 U_{3zd} 和动作量 U_{3dz}；然后，降低发电机电压至零，跳开励磁开关。将发电机中性点经 1m 的熔丝串一电阻（2～3kΩ）接地，合灭磁开关。手动缓慢增加发电机电压直至三次谐波定子接地保护动作，记录定子接地保护动作时的发电机电压 U_{3S}、U_{3N} 电压及制动量 U_{3zd} 和动作量 U_{3dz}。

6. 转子一点接地试验

发电机转子一点接地试验，对全套发电机保护测量和检查的项目主要是：动态校验转子一点接地保护。发电机励磁回路一点接地试验接线如图 1–3–24 所示。图 1–3–24 中，G 为发电机定子，OB 为转子绕组。

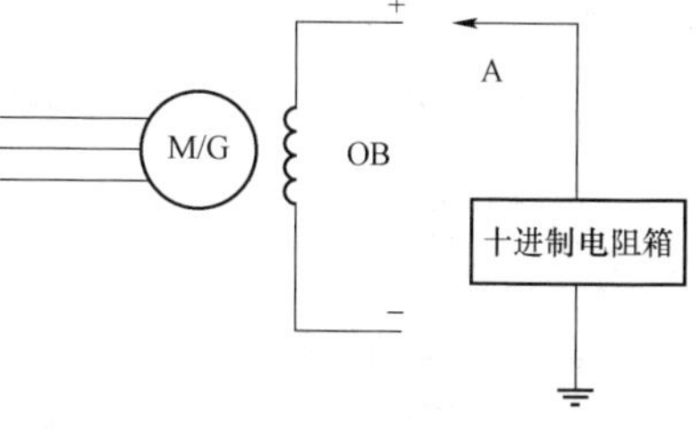

图 1–3–24　转子一点接地试验接线

试验条件：发电机电压为额定电压，发电机励磁回路对地绝缘良好。操作保护装置界面键盘，调出转子对地绝缘电阻的显示通道。暂将转子一点接地保护的动作时间调至零。

试验步骤：调整十进制电阻箱的电阻，使其阻值大于转子一点接地保护的整定值。在发电机转子滑环处或励磁调节柜，将图 1–3–24 所示的 A 端接转子正极。调节十进制电阻箱，缓慢减少其接地电阻直至转子一点接地保护动作。记录保护动作时十进制电阻箱的阻值和界面显示电阻值。然后，再将 A 端接转子绕组负极，重复上述试验。

要求：保护动作时，界面显示的电阻值近似等于十进制电阻箱的阻值，误差不大于 20%。

7. 发电机并网后进相试验

发电机并网后进相试验时，对全套发电机保护测量和检查的项目主要是：动态校验失磁保护。

试验条件：以异步边界阻抗原理的失磁保护为例，暂将失磁保护阻抗 Z_C 调整为最大值，阻抗 Z_B 调整为最小值，保证异步阻抗圆为最大圆。暂将失磁保护的动作延时设置为 0s。

试验步骤：操作保护装置界面键盘，调出发电机电流、电压及无功功率通道。启动发电机调相工况并网运行，申请调度机组吸收无功功率进相运行，调节发电机励磁，使发电机的进相深度逐渐增加（进相深度要在发电机允许的范围内），直至失磁保护动作，记录动作时的电流、电压的大小以及相角，计算出动作时的阻抗值。

要求：动作时的阻抗值在异步阻抗圆内，误差不大于 5%。

8. 发电机工况逐渐关闭导水叶试验

发电机工况并网运行转停机的过程中，手动操作水轮机的导水叶，可以对逆功率保护进行动态校验。

试验条件：暂将逆功率保护定值设置为 0s。

试验步骤：操作界面键盘，调出发电机总有功功率，向调度申请发电机停机，切换水轮机调速器的控制方式为手动控制方式，逐渐关闭导水叶，直至逆功率保护动作，记录逆功率动作时的发电机总有功功率定值。

要求：逆功率保护定值近似等于动作时发电机总有功功率折算至二次侧的值，误差不大于 10%。

（二十）保护定值及功能连接片最终核对

在保护功能动态调试的过程中，保护功能连接片和定值都有所改动。所以，在保护功能动态调试试验全部完成后，应严格对照有关部门提供最新的发电机保护定值单对保护定值及功能压板进行最终的核对检查。

【思考与练习】

1. 发电机保护初步通电检查的内容有哪些？
2. 电流互感器 10%误差曲线含义及试验方法是什么？
3. 电流互感器二次回路检查的具体内容有哪些？
4. 进行叠加 20Hz 电压式定子接地保护校验时应如何接线？
5. 逆功率保护的断路器开断闭锁功能的校验方法是什么？
6. 如何进行反时限负序过电流保护动作值及时限测试？
7. 如何进行发电机低频率保护的校验？
8. 简述动态校验发电机差动保护的试验条件和试验步骤。

模块 4 发电机–变压器组保护的接线方案（ZY5400103004）

【模块描述】本模块包含了常规水电厂发电机–变压器组的典型接线方案，还涉及抽水蓄能电站发电电动机的接线方案。通过典型实例讲解，掌握不同水电厂发电机–变压器组接线方案。

【正文】

一、常规水电厂发电机–变压器组接线方案

1. 700MW–500kV 水轮发电机–变压器组保护配置图

图 1–4–1 中：

（1）700MW–500kV 水轮发电机–变压器组单元主保护配置为：发电机纵联差动保护、发电机匝间保护、主变压器差动保护、发电机–变压器组差动保护、高压厂用变压器差动保护、励磁变压器差动保护、瓦斯保护。

（2）700MW–500kV 水轮发电机–变压器组单元发电机后备保护和异常运行保护配置为：相间阻抗保护、基波零序电压保护、三次谐波电压保护、转子一点接地保护、定反时限定子绕组过负荷保护、定反时限转子表层过负荷保护、失磁保护、失步保护、过电压保护、定反时限过励磁保护、启停机保护、突加电压保护、电超速保护、TA 断线保护、TV 断线保护。

（3）700MW–500kV 水轮发电机–变压器组单元变压器后备保护配置为：相间阻抗保护、零序电流保护、间隙零序电流电压保护、过负荷保护、TA 断线保护、TV 断线保护。

（4）700MW–500kV 水轮发电机–变压器组单元高压厂用变压器后备保护配置为：复合电压过电流保护、两分支低压过电流保护、两分支零序过电流保护、两分支零序过电压保护、过负荷保护、通风启动保护、TA 断线保护、TV 断线保护。

（5）700MW–500kV 水轮发电机–变压器组单元励磁机（变压器）后备保护配置为：励磁机（变压器）过电流保护、定反时限励磁过负荷保护、TA 断线保护。

（6）700MW–500kV 水轮发电机–变压器组单元其他保护：失灵启动保护、断路器断口闪络保护、非全相运行保护、励磁系统故障、系统保护动作联跳。

2. 300MW–220kV 水轮发电机–变压器组保护配置图

图 1–4–2 中：

（1）300MW–220kV 水轮发电机–变压器组单元主保护配置为：发电机纵联差动保护、发电机匝间保护、主变压器差动保护、发电机–变压器组差动保护、瓦斯保护。

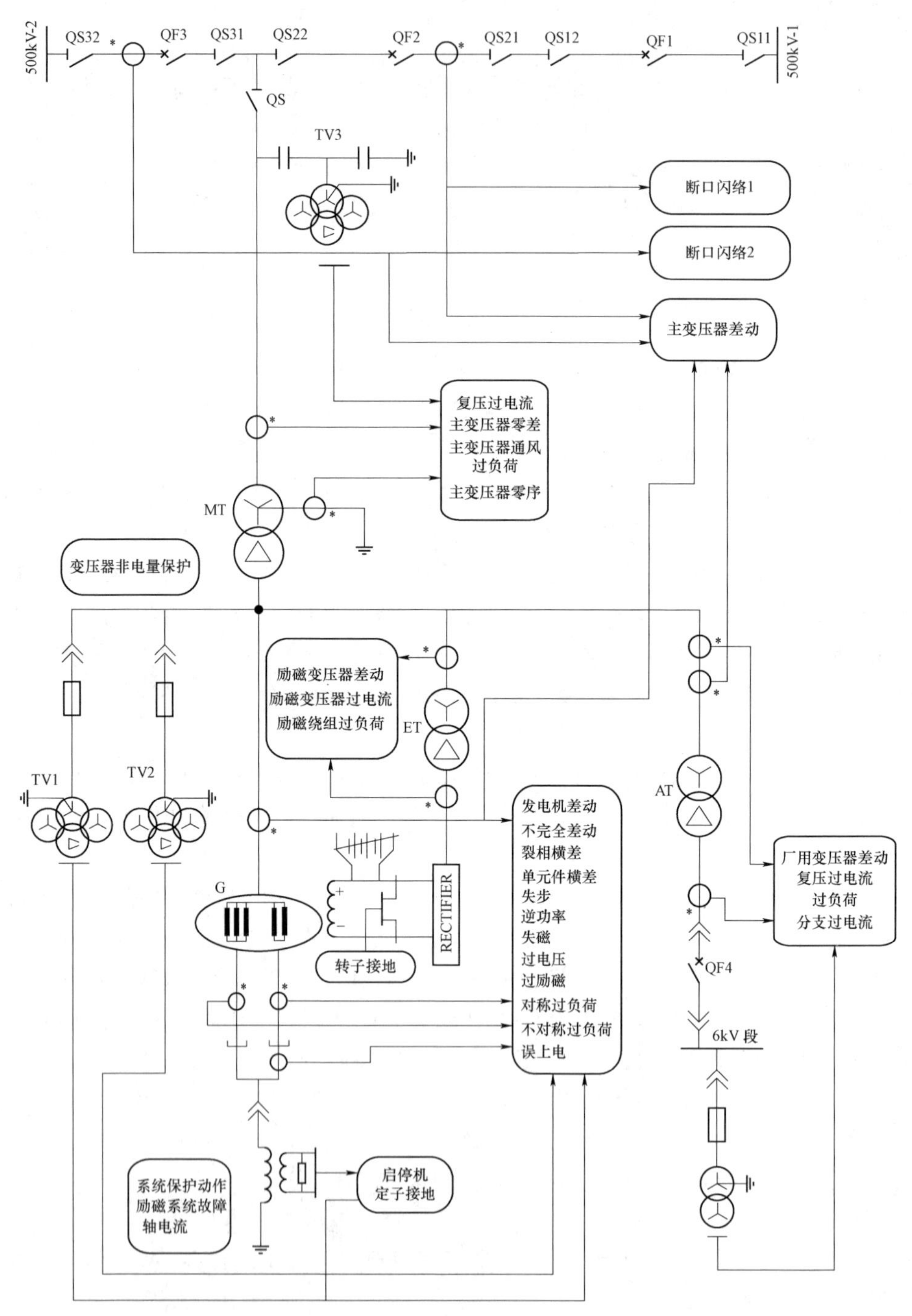

图 1-4-1　700MW-500kV 水轮发电机-变压器组保护配置图

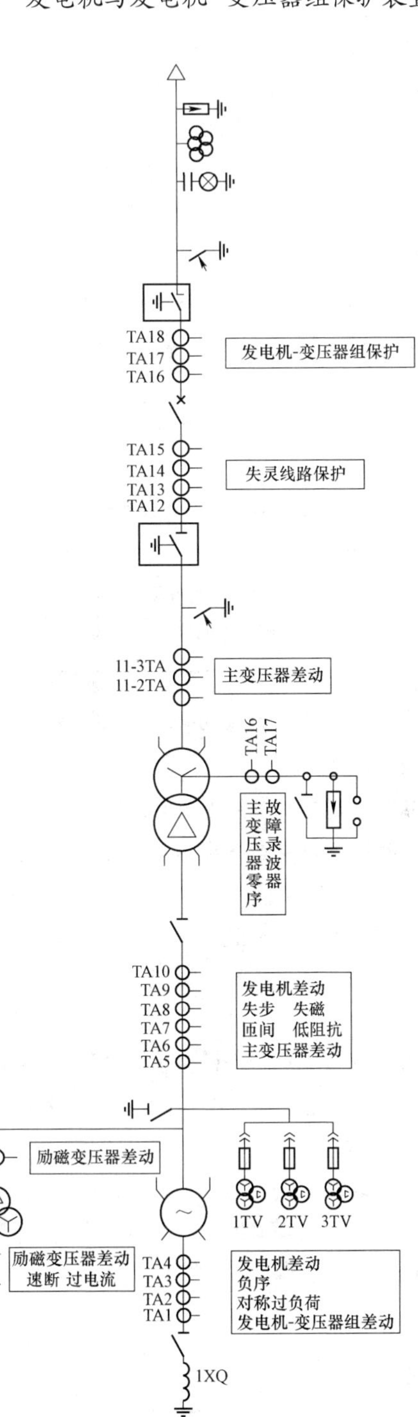

图 1–4–2　300MW–220kV 水轮发电机–变压器组保护配置图

（2）300MW–220kV 水轮发电机–变压器组单元发电机后备保护和异常运行保护配置为：相间阻抗保护、基波零序电压保护、三次谐波电压保护、转子一点接地保护、定反时限定子绕组过负荷保护、定反时限转子表层过负荷保护、失磁保护、失步保护、过电压保护、定反时限过励磁保护、启停机保护、突加电压保护、电超速保护、TA 断线保护、TV 断线保护。

（3）300MW–220kV 水轮发电机–变压器组单元变压器后备保护配置为：相间阻抗保护、零序电流保护、间隙零序电流电压保护、过负荷保护、TA 断线保护、TV 断线保护。

3. 125MW–220kV 水轮发电机–变压器组保护配置图

图 1–4–3 中：

（1）125MW–220kV 水轮发电机–变压器组单元主保护配置为：发电机纵联差动保护、发电机匝间保护、主变压器差动保护、发电机–变压器组差动保护、瓦斯保护。

（2）125MW–220kV 水轮发电机–变压器组单元发电机后备保护和异常运行保护配置为：复压过电流保护、基波零序电压保护、三次谐波电压保护、转子一点接地保护、转子两点接地保护、定反时限定子绕组过负荷保护、定反时限转子表层过负荷保护、失磁保护、过电压保护、定反时限过励磁保护、启停机保护、电超速保护、TA 断线保护、TV 断线保护。

（3）125MW–220kV 水轮发电机–变压器组单元变压器后备保护配置为：复合电压过电流保护、零序电流保护、间隙零序电流电压保护、过负荷保护、TA 断线保护、TV 断线保护。

二、抽水蓄能电站发电电动机–变压器组接线方案

1. 150MW–220kV 发电电动机–变压器组保护配置图

图 1–4–4 中：

（1）150MW–220kV 发电电动机–变压器组主保护配置为：变压器差动保护、瓦斯保护、发电电动机完全差动保护、发电电动机不完全差动保护、发电机横差保护。

（2）150MW–220kV 发电电动机–变压器组发电电动机后备保护和异常运行保护配置为：逆功率保护、低功率保护、负序过电流保护、失磁保护、相序保护、定子过负荷保护、转子过负荷保护、低压过电流保护、低频过电流保护、过电压保护、定子 95%接地保护、定子 100%接地保护、转子接地保护、失步保护、过（低）频保护、轴电流保护。

（3）150MW–220kV 发电电动机–变压器组变压器后备保护配置为：相序保护、失灵保护、励磁变压器过电流保护、厂用高压变压器过电流保护、零序过电流保护、低压过电流保护、电压不平衡保护、接地保护。

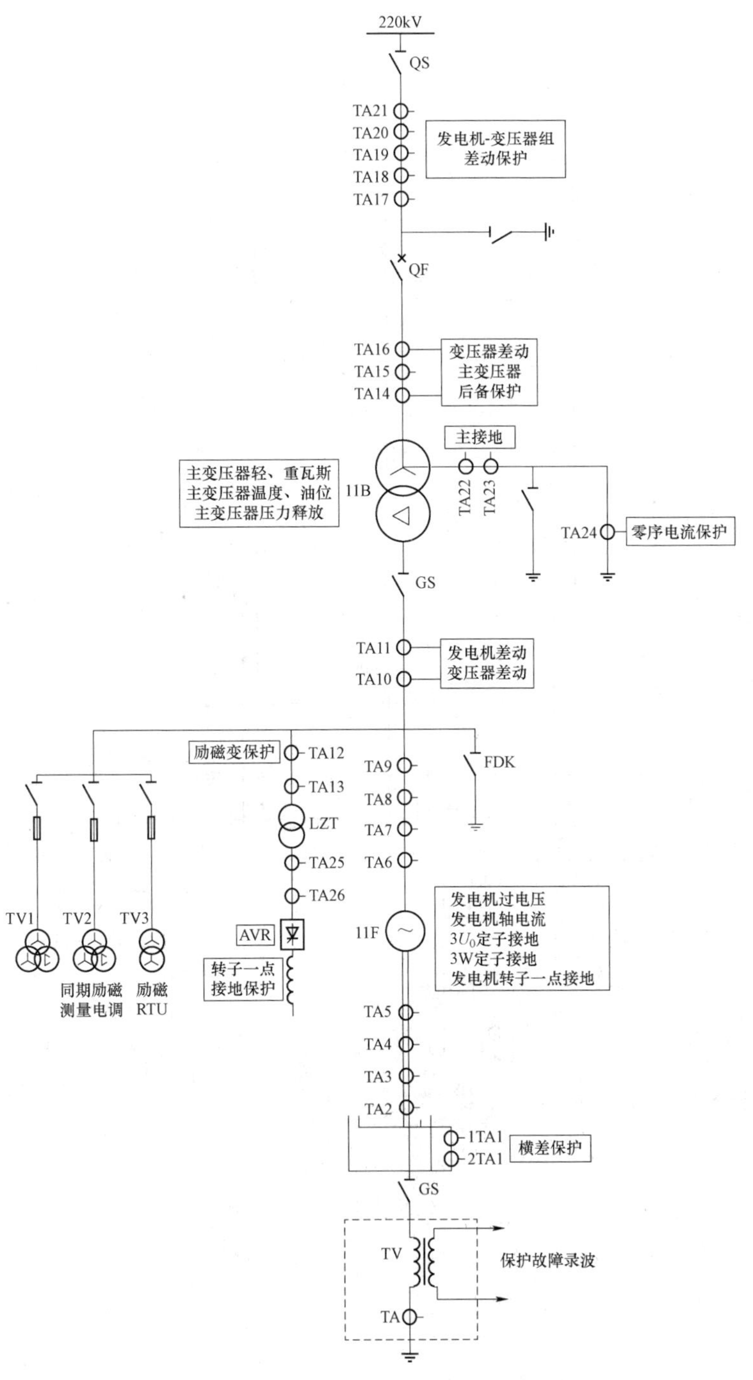

图 1–4–3 125MW–220kV 水轮发电机–变压器组保护配置图

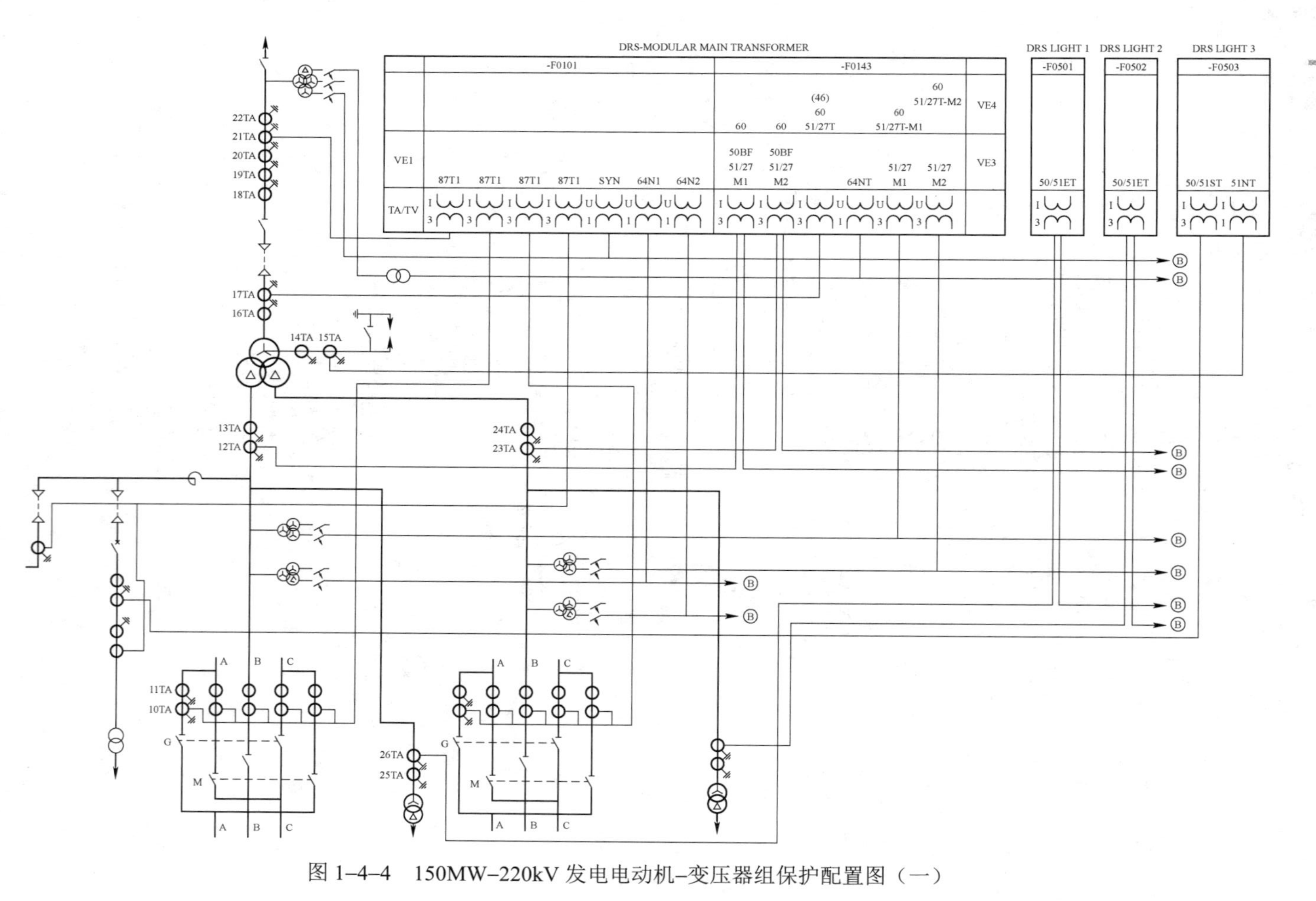

图 1-4-4　150MW-220kV 发电电动机-变压器组保护配置图（一）

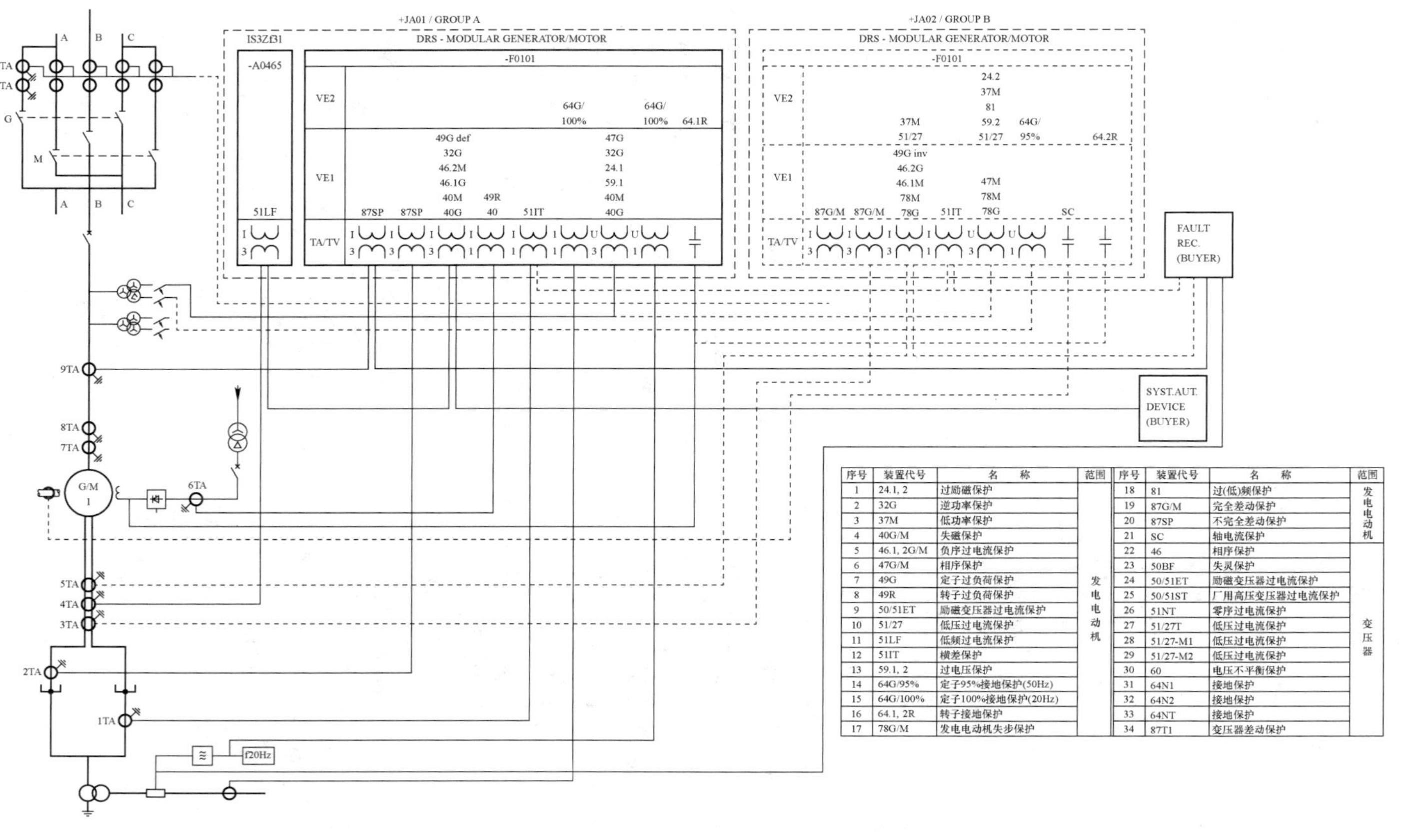

序号	装置代号	名　称	范围	序号	装置代号	名　称	范围
1	24.1, 2	过励磁保护	发电电动机	18	81	过(低)频保护	发电电动机
2	32G	逆功率保护		19	87G/M	完全差动保护	
3	37M	低功率保护		20	87SP	不完全差动保护	
4	40G/M	失磁保护		21	SC	轴电流保护	
5	46.1, 2G/M	负序过电流保护		22	46	相序保护	变压器
6	47G/M	相序保护		23	50BF	失灵保护	
7	49G	定子过负荷保护		24	50/51ET	励磁变压器过电流保护	
8	49R	转子过负荷保护		25	50/51ST	厂用高压变压器过电流保护	
9	50/51ET	励磁变压器过电流保护		26	51NT	零序过电流保护	
10	51/27	低压过电流保护		27	51/27T	低压过电流保护	
11	51LF	低频过电流保护		28	51/27-M1	低压过电流保护	
12	51IT	横差保护		29	51/27-M2	低压过电流保护	
13	59.1, 2	过电压保护		30	60	电压不平衡保护	
14	64G/95%	定子95%接地保护(50Hz)		31	64N1	接地保护	
15	64G/100%	定子100%接地保护(20Hz)		32	64N2	接地保护	
16	64.1, 2R	转子接地保护		33	64NT	接地保护	
17	78G/M	发电电动机失步保护		34	87T1	变压器差动保护	

图 1–4–4　150MW–220kV 发电电动机–变压器组保护配置图（二）

2. 300MW–500kV 发电电动机–变压器组保护配置图

图 1–4–5 中：

（1）300MW–500kV 发电电动机–变压器组主保护配置为：发电电动机纵联差保护、定子匝间短路保护、主变压器差动保护、瓦斯保护。

（2）300MW–500kV 发电电动机–变压器组发电电动机后备保护和异常运行保护配置为：100%定子接地保护、低电压过电流保护、负序过电流保护、失磁保护、过电压保护、低频过电流保护、逆功率保护、低功率保护、低频保护、失步保护、轴电流保护、过励磁保护、定子过负荷保护、转子接地保护、相序保护、断路器失灵保护、电流不平衡保护、突然加电压保护。

（3）300MW–500kV 发电电动机–变压器组变压器后备保护配置为：复合电压过电流保护、零序电流保护、过励磁保护、接地保护、温度保护、励磁变压器过电流保护、励磁绕组过负荷保护。

3. 200MW–220kV 发电电动机–变压器组保护配置图

图 1–4–6 中：

（1）200MW–220kV 发电电动机–变压器组主保护配置为：发电电动机–变压器组差动保护、主变压器差动保护、瓦斯保护、发电电动机差动保护、横差动保护。

（2）200MW–220kV 发电电动机–变压器组发电电动机后备保护和异常运行保护配置为：轴电流保护、失步保护、负序电流保护、过负荷保护、低电压保护、低功率保护、逆功率保护、过电流保护、低电压过电流保护、定子接地保护、过励磁保护、低频保护、过电压保护、相序保护。

（3）200MW–220kV 发电电动机–变压器组变压器后备保护配置为：零序保护、失磁保护、过电流保护、过负荷保护。

【思考与练习】

1. 700MW–500kV 与 300MW–220kV 水轮发电机–变压器组保护配置有哪些不同？

2. 抽水蓄能电站发电机–变压器组保护配置有哪些特点？

3. 抽水蓄能电站发电机–变压器组配置哪些保护？

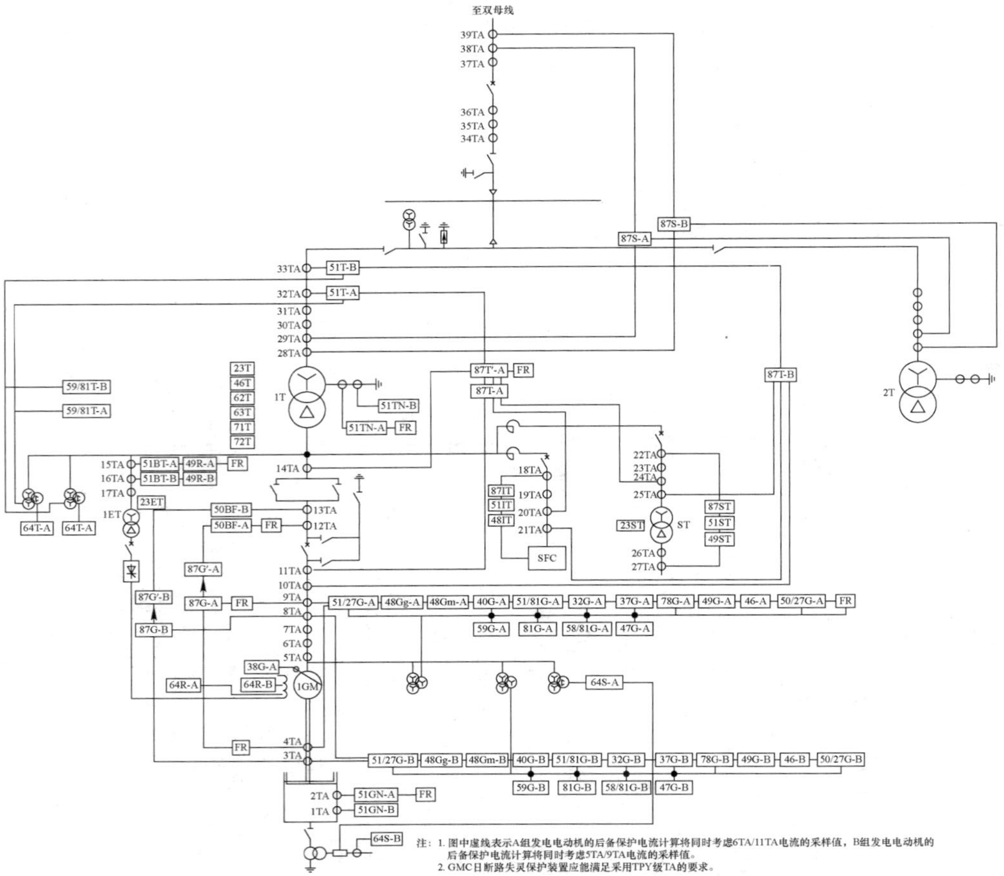

至双母线
39TA 38TA 37TA 36TA 35TA 34TA
87S-A 87S-B
33TA 51T-B
32TA 51T-A
31TA 30TA 29TA 28TA
1T 2T
23T 46T 62T 63T 71T 72T
51TN-B 51TN-A FR
59/81T-B 59/81T-A
87T′-A FR 87T-A 87T-B
15TA 51BT-A 49R-A FR
16TA 51BT-B 49R-B
17TA 23ET 1ET
14TA 13TA 12TA 11TA 10TA 9TA 8TA 7TA 6TA 5TA 4TA 3TA 2TA 1TA
50BF-B 50BF-A FR
64T-A 64T-A
87G′-A 87G-A FR 87G′-B 87G-B
18TA 19TA 20TA 21TA 87IT 51IT 48IT SFC
22TA 23TA 24TA 25TA 26TA 27TA ST 23ST 87ST 51ST 49ST
51/27G-A 48Gg-A 48Gm-A 40G-A 51/81G-A 32G-A 37G-A 78G-A 49G-A 46-A 50/27G-A FR
59G-A 81G-A 58/81G-A 47G-A
38G-A 64R-A 64R-B 1GM 64S-A
FR
51/27G-B 48Gg-B 48Gm-B 40G-B 51/81G-B 32G-B 37G-B 78G-B 49G-B 46-B 50/27G-B
59G-B 81G-B 58/81G-B 47G-B
51GN-A FR 51GN-B 64S-B

注：1. 图中虚线表示A组发电电动机的后备保护电流计算将同时考虑6TA/11TA电流的采样值，B组发电电动机的后备保护电流计算将同时考虑5TA/9TA电流的采样值。
2. GMC日断路失灵保护装置应能满足采用TPY级TA的要求。

图 1-4-5　300MW-500kV 发电电动机-变压器组保护配置图

序号	装置代号	名称	范围
1	87G-A,87G′-A,87G-B,87G′-B	发电电动机纵差保护	发电电动机
2	51GN-A,51GN-B	定子匝间短路保护	
3	64S-A	100%定子接地保护	
4	64S-B	100%定子接地保护	
5	51/27G-A,51/27G-B	低电压过电流保护	
6	46Gg-A,46Gg-B	发电工况负序过电流保护	
7	46Gm-A,46Gm-B	电动工况负序过电流保护	
8	40G-A,40G-B	失磁保护	
9	59G-A,59G-B	过电压保护	
10	51/81G-A,51/81G-B	低频过电流保护	
11	32G-A,32G-B	逆功率保护	
12	37G-A,37G-B	低功率保护	
13	81G-A,81G-B	低频保护	
14	78G-A,78G-B	失步保护	
15	38G-A	轴电流保护(由其他厂商提供)	
16	59/81G-A,59/81G-B	过励磁保护	
17	49G-A,49G-B	定子过负荷保护	
18	64R-B	转子接地保护	
19	47G-A,47G-B	发电机电压相序保护	
20	50BF-A,50BF-B	断路器失灵保护	
21	46-A,46-B	电流不平衡保护	
22	50/27G-A,50/27G-B	突线加电压保护	
23	87T-A,87T′-A,87T-B	主变压器差动保护	主变压器
24	51T-A,51T-B	复合电压过电流保护	
25	51TN-A,51TN-B	零序电流保护	
26	59/81T-A,59/81T-B	过励磁保护	
27	64T-A,64T-B	主变压器低压侧接地保护	
28	23T	温度保护(非电量)	
29	45T	瓦斯保护(非电量)	
30	62T	冷却系统保护(非电量)	
31	63T	压力释放保护(非电量)	
32	71T	油位异常保护(非电量)	
33	72T	油压速动保护(非电量)	
34	51ET-A,51ET-B	励磁变压器过渡保护	
35	49R-A,49R-B	励磁绕组过负荷保护	
36	23ET	励磁变压器温度保护(非电量)	
37	87S-A,87S-B	500kV短线差动保护	500kV单线
38	87ST	差动保护	高压厂用变压器
39	51ST	过电流保护	
40	49ST	过负荷保护(电流型)	
41	23ST	温度保护(非电量)	
42	87IT	纵联差动保护	SFC输入变压器保护
43	51IT	过电流保护	
44	49IT	过负荷保护	
45		非电量保护	

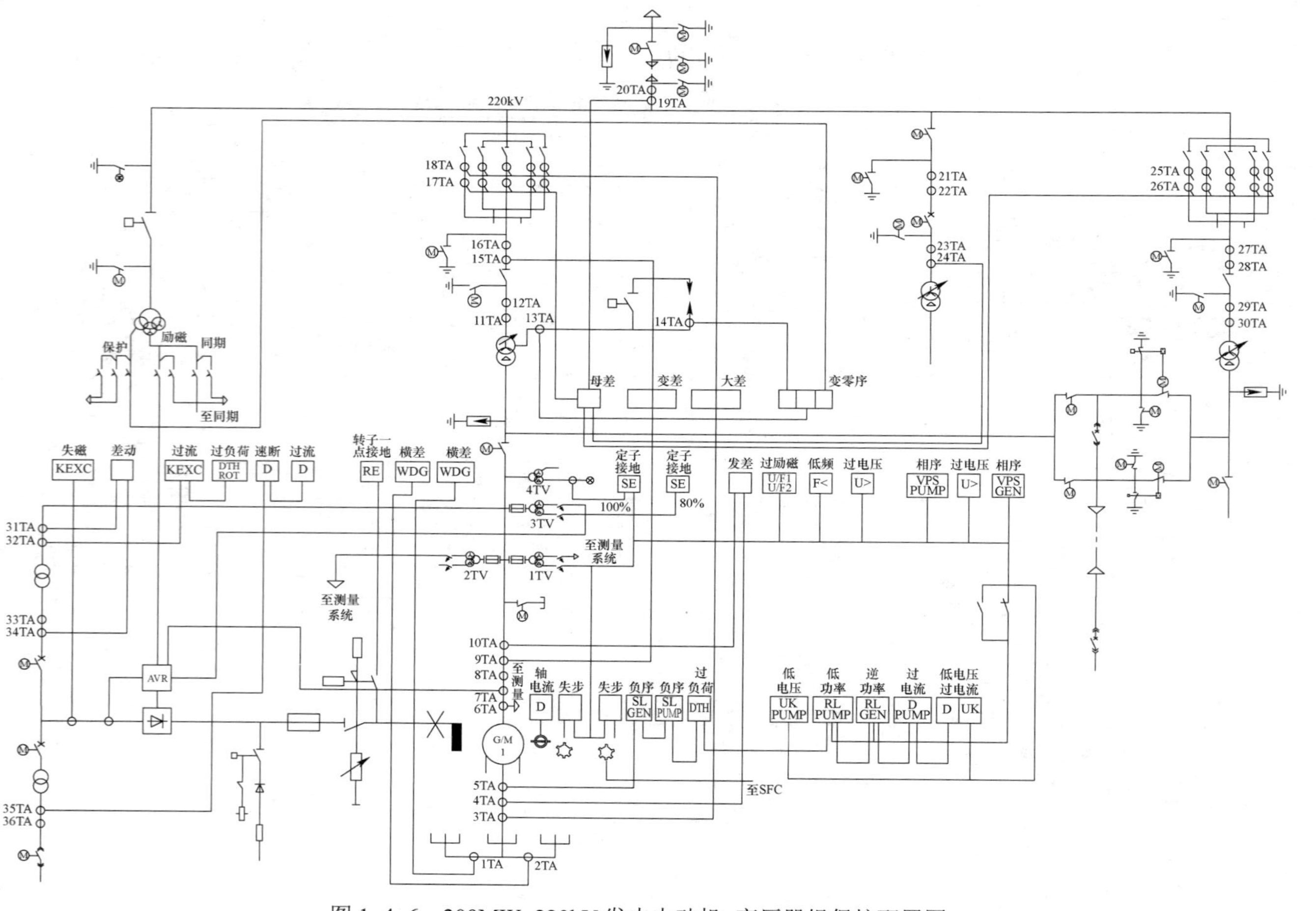

图 1-4-6　200MW-220kV 发电电动机-变压器组保护配置图

模块5　发电机–变压器组保护的保护配置（ZY5400103005）

【模块简介】本模块包含了发电机–变压器组保护的保护配置方案，通过典型实例讲解，掌握不同类型的发电机–变压器组保护配置原则。

【正文】

一、基本原则

100MW及以上容量发电机–变压器组应按双重化原则配置微机保护（非电量保护除外)。每套保护均应含有完整的主、后备保护，能反映被保护设备的各种故障及异常状态，并能作用于跳闸或给出信号。

（1）每套完整、独立的保护装置应能处理可能发生的所有类型的故障。两套保护之间不应有任何电气联系，当一套保护退出时不应影响另一套保护的运行。

（2）两套主保护的电压回路宜分别接入电压互感器的不同二次绕组。电流回路应分别取自电流互感器互相独立的绕组，并合理分配电流互感器二次绕组，避免可能出现的保护死区。分配接入保护的互感器二次绕组时，还应特别注意避免运行中一套保护退出时可能出现的电流互感器内部故障死区问题。

（3）双重化配置保护装置的直流电源应取自不同蓄电池组供电的直流母线段。

（4）两套保护的跳闸回路应与断路器的两个跳圈分别一一对应。

（5）对于依靠通信方式进行工况闭锁的双重化保护应配置两套独立的通信设备，两套通信设备应分别使用独立的电源。

（6）双重化配置保护与其他保护、设备配合的回路应遵循相互独立的原则。

（7）双重化配置的线路、变压器和单元制接线方式的发电机–变压器组应使用主、后一体化的保护装置；对非单元制接线或特殊接线方式的发电机–变压器组则应根据主设备的一次接线方式，按双重化的要求进行保护配置。

二、发电机保护配置

1. 一般原则

（1）对于大型发电机的下列故障及异常运行状态，应按本条的规定，装设相应的保护。

1）定子绕组相间短路；

2）定子绕组接地；

3）定子绕组匝间短路；

4）发电机外部相间短路；

5）定子绕组过电压；

6）定子绕组过负荷；

7）转子表层（负序）过负荷；

8）励磁绕组过负荷；

9）励磁回路接地；

10）励磁电流异常下降或消失；

11）定子铁芯过励磁；

12）发电机逆功率；

13）.频率异常；

14）失步；

15）发电机突然加电压；

16）发电机启、停故障；

17）其他故障和异常运行。

（2）发电机出口装设断路器时，上述各项保护，宜根据故障和异常运行状态的性质及动力系统具体条件，分别动作于：

1）停机：断开发电机出口断路器、灭磁，对水轮发电机还要关闭导叶。

2）解列灭磁：断开发电机断路器、灭磁，水轮机关导叶至空载。

3）解列：断开发电机出口断路器，水轮机关导叶至空载。

4）减出力：将原动机出力减到给定值。

5）缩小故障影响范围：断开预定的其他断路器。

6）程序跳闸：对水轮发电机，首先将导叶关到空载位置，再跳开发电机出口断路器并灭磁。

7）减励磁：将发电机励磁电流减至给定值。

8）信号：发出声光信号。

（3）发电机出口不装设断路器时，上述各项保护，宜根据故障和异常运行状态的性质及动力系统具体条件，分别动作于：

1）停机：断开主变压器高、中压侧断路器、灭磁。对水轮发电机还要关闭导叶。

2）解列灭磁：断开主变压器高、中压侧断路器，灭磁。水轮机关导叶至空载。

3）解列：断开主变压器高、中压侧断路器。水轮机关导叶至空载。

4）减出力：将原动机出力减到给定值。

5）缩小故障影响范围：断开预定的其他断路器。

6）程序跳闸：对水轮发电机，首先将导叶关到空载位置，再跳开主变压器高、中压侧断路器并灭磁。

7）减励磁：将发电机励磁电流减至给定值。

8）厂用电源切换：由厂用工作电源供电切换到备用电源供电。

9）高压厂用工作变压器分支跳闸：断开高压厂用工作变压器本侧分支断路器，闭锁厂用电源切换。

10）信号：发出声光信号。

2. 发电机定子绕组及其引出线相间短路主保护

（1）1MW 以上的发电机，应装设纵联差动保护。

（2）对 100MW 以下的发电机–变压器组，当发电机与变压器之间有断路器时，发电机与变压器宜分别装设单独的纵联差动保护。

（3）对 100MW 及以上发电机–变压器组，应装设双重主保护，每一套主保护宜具有发电机纵联差动保护和变压器纵联差动保护功能。

（4）在穿越性短路、穿越性励磁涌流及自同步或非同步合闸过程中，纵联差动保护应采取措施，减轻电流互感器饱和及剩磁的影响，提高保护动作可靠性。

（5）纵联差动保护，应装设电流回路断线监视装置，断线后动作于信号。电流回路断线允许差动保护跳闸。

3. 发电机定子绕组匝间短路保护

（1）对定子绕组为星形接线、每相有并联分支且中性点侧有分支引出端的发电机，应装设零序电流型横差保护或裂相横差保护、不完全纵差保护作为定子绕组匝间短路故障主保护，保护应瞬时动作于停机。

（2）当定子绕组为星形接线、中性点只有三个引出端子时，应装设定子匝间保护作为发电机定子绕组匝间短路故障的主保护，保护应瞬时动作于停机。

4. 发电机定子绕组单相接地保护

（1）发电机定子绕组单相接地故障电流允许值按制造厂的规定值，如无制造厂提供的规定值可参照表 1–5–1 中所列数据。

表 1–5–1　　发电机定子绕组单相接地故障电流允许值

发电机额定电压（kV）	发电机额定容量（MW）	接地电流允许值（A）
6.3	≤50	4
10.5	水轮发电机 10～100	3
13.8～15.75	水轮发电机 40～225	2
18～20	300～600	1

（2）与母线直接连接的发电机：当单相接地故障电流（不考虑消弧线圈的补偿作用）大于允许值（参照表 1–5–1）时，应装设有选择性的接地保护装置。

保护装置由装于机端的零序电流互感器和电流继电器构成。其动作电流按躲过不平衡电流和外部单相接地时发电机稳态电容电流整定。接地保护带时限动作于信号，但当消弧线圈退出运行或由于其他原因使残余电流大于接地电流允许值，应切换为动作于停机。

当未装接地保护，或装有接地保护但由于运行方式改变及灵敏系数不符合要求等原因不能动作时，可由单相接地监视装置动作于信号。

为了在发电机与系统并列前检查有无接地故障，保护装置应能监视发电机端零序电压值。

（3）发电机–变压器组：对 100MW 以下发电机，应装设保护区不小于 90%的定子接地保护，对 100MW 及以上的发电机，应装设保护区为 100%的定子接地保护。保护带时限动作于信号，必要时也可以动作于停机。为检查发电机定子绕组和发电机回路的绝缘状况，保护装置应能监视发电机端零序电压值。

5. 发电机相间短路后备保护

（1）对于 1MW 及以下与其他发电机或与电力系统并列运行的发电机，应装设过电流保护。

（2）1MW 以上的发电机，宜装设复合电压（包括负序电压及线电压）启动的过电流保护。灵敏度不满足要求时可增设负序过电流保护。

（3）50MW 及以上的发电机，宜装设负序过电流保护和单元件低电压启动过电流保护。

（4）自并励（无串联变压器）发电机，宜采用带电流记忆（保持）的低电压过电流保护。

（5）并列运行的发电机和发电机–变压器组的后备保护，对所连接母线的相间故障，应具有必要的灵敏系数。

（6）规定装设的以上各项保护装置，其电流元件应装设在发电机中性点侧，宜带有二段时限，以较短的时限动作于缩小故障影响的范围或动作于解列，以较长的时限动作于停机。

6. 发电机定子绕组过电压保护

应装设过电压保护，作为发电机定子绕组异常过电压故障的保护，其整定值根据定子绕组绝缘状况决定。水轮发电机过电压保护应动作于解列灭磁或停机。

7. 发电机定子绕组过负荷保护

（1）定子绕组非直接冷却的发电机，应装设定时限过负荷保护作为过负荷引起的发电机定子绕组过电流故障的保护，带时限动作于信号。

（2）定子绕组为直接冷却且过负荷能力较低（例如低于 1.5 倍、60s），过负荷保护由定时限和反时限两部分组成。

1）定时限部分：动作电流按在发电机长期允许的负荷电流下能可靠返回的条件整定，带时限动作于信号，在有条件时，可动作于自动减负荷。

2）反时限部分：动作特性按发电机定子绕组的过负荷能力确定，动作于停机或程序跳闸。保护应反映电流变化时定子绕组的热积累过程。不考虑在灵敏系数和时限方面与其他相间短路保护相配合。

8. 发电机转子表层（负序）过负荷保护

（1）对不对称负荷、非全相运行及外部不对称短路引起的负序电流，应装设发电机转子表层（负序）过负荷保护。

（2）50MW 及以上 *A* 值（转子表层承受负序电流能力的常数）大于 10 的发电机，应装设定时限负序过负荷保护。保护装置的动作电流按躲过发电机长期允许的负序电流值和躲过最大负荷下负序电流滤过器的不平衡电流值整定，带时限动作于信号。

（3）100MW 及以上 *A* 值（转子表层承受负序电流能力的常数）小于 10 的发电机，应装设由定时限和反时限两部分组成的转子表层过负荷保护。

1）定时限部分：动作电流按发电机长期允许的负序电流值和躲过最大负荷下负序电流滤过器的不平衡电流值整定，带时限动作于信号。

2）反时限部分：动作特性按发电机承受短时负序电流的能力确定，动作于停机。保护应能反映电流变化时发电机转子的热积累过程。不考虑在灵敏系数和时限方面与其他相间短路保护相配合。

9. 发电机励磁绕组过负荷保护

（1）采用半导体整流励磁系统的发电机应装设励磁绕组过负荷保护，作为发电机励磁系统故障或强励时间过长引起的励磁绕组过负荷的保护。

（2）300MW 以下的发电机，可装设定时限励磁绕组过负荷保护。保护带时限动作于信号，必要时动作于解列灭磁。

（3）300MW 及以上的发电机，保护可由定时限和反时限两部分组成。

1）定时限部分：保护带时限动作于信号和降低励磁电流。

2）反时限部分：保护动作于解列灭磁或停机，动作特性按发电机励磁绕组的过负荷能力确定。保护应能反映电流变化时励磁绕组的热积累过程。

10. 发电机转子一点接地保护

1MW 及以上的发电机应装设转子一点接地保护作为发电机转子一点接地故障的

保护，延时动作于信号，宜减负荷平稳停机，有条件时可动作于程序跳闸。对旋转励磁的发电机宜装设一点接地故障定期检测装置。

11. 发电机失磁保护

（1）对发电机励磁电流异常下降或完全消失的失磁故障应装设失磁保护。

（2）对水轮发电机，失磁保护应带时限动作于解列。

12. 发电机过励磁保护

（1）300MW 及以上的发电机应装设过励磁保护，作为电压升高和频率降低时工作磁通密度过高引起绝缘过热老化的保护。可装设定时限过励磁保护或反时限过励磁保护，有条件时应优先装设反时限过励磁保护。

1）定时限过励磁保护：由低定值和高定值两部分组成，低定值部分带时限动作于信号和降低励磁电流，高定值部分动作于解列灭磁或程序跳闸。

2）反时限过励磁保护：反时限特性曲线由上限定时限、反时限、下限定时限三部分组成。上限定时限、反时限动作于解列灭磁，下限定时限动作于信号。

（2）发电机–变压器组之间不装设断路器时可共用一套过励磁保护，其保护装于发电机电压侧，定值可按发电机或变压器的过励磁能力较低的要求整定。

（3）过励磁保护应有防止发电机单相接地误动作措施，电压元件应接入发电机机端的电压互感器线电压。

13. 发电机逆功率保护

（1）对发电机出现反水泵运行的异常运行方式，应装设逆功率保护。保护带时限动作于信号，经机组允许的逆功率时间延时动作于解列。

（2）对水轮发电机，当发电机调相运行时，应闭锁逆功率保护。

14. 发电机频率异常保护

对高于额定频率带负荷运行的 100MW 及以上水轮发电机，应装设高频率保护，保护动作于解列灭磁或程序跳闸。

15. 发电机失步保护

（1）300MW 及以上发电机应装设失步保护，当系统发生非稳定振荡时保护系统或发电机安全。

（2）通常发电机失步保护动作于信号。当振荡中心在发电机–变压器组内部，失步运行时间超过整定值或失步运行滑极次数超过规定值时，保护动作于解列，并保证断路器断开时的电流不超过断路器允许开断电流。

16. 发电机轴电流保护

（1）水轮发电机推力轴承或导轴承绝缘损坏时，在感应电压作用下产生轴电流，为防止轴瓦过热烧损，水轮发电机宜装设轴电流保护。保护瞬时动作于信号，亦可经时限动作于解列灭磁。

（2）轴电流保护宜采用套于大轴上的特殊专用电流互感器作为测量元件，也可采用其他电压型或泄漏电流型装置作为测量元件。

17. 发电机其他故障和异常运行保护

（1）300MW 及以上容量发电机宜装设误上电保护。用于当发电机在盘车或停机的情况下，发电机的断路器意外合闸，突然加上电压的保护。

（2）200MW 及以上容量发电机应装设启停机保护。用于发电机在启、停机过程中发生相间和接地故障时，防止某些保护装置受频率变化影响而拒动的保护。

（3）300MW 及以上容量发电机出口断路器宜设断路器失灵保护，保护由保护跳闸输出接点启动，经三相电流或负序电流判别，保护动作后跟跳本断路器，再延时跳开相邻断路器。

（4）发电机出口不装设断路器时，对发电机在同步过程中，由于主变压器高压侧断路器断口两侧电压周期性升高，使断口一相或两相击穿造成闪络故障，可设置断路器断口闪络保护，保护动作于解列灭磁。

18. 励磁变压器和主励磁机保护

（1）自并励发电机的励磁变压器宜装设电流速断保护作为主保护，过电流保护作为后备保护，动作于停机。

（2）对交流励磁发电机的主励磁机的短路故障宜在中性点侧的 TA 回路装设电流速断保护作为主保护，过电流保护作为后备保护，动作于停机。

（3）励磁变压器应装设温度保护，保护设两段定值，低定值动作于信号，高定值动作于信号或停机。

19. 抽水蓄能发电电动机组应根据其机组容量和接线方式装设与水轮发电机相当的保护，且应能满足发电机、调相机或电动机不同运行方式的要求，并宜装设变频启动和发电机电制动停机需要的保护

（1）差动保护应采用同一套差动保护装置能满足发电机和电动机两种不同运行方式的保护方案。换相开关宜划入发电、电动机或主变压器的纵联差动保护区内。

（2）应装设能满足发电机或电动机两种不同运行方式的定时限或反时限过电

流保护。

（3）应装设逆功率保护，并应在调相运行和切换到电动机运行方式时自动退出逆功率保护。

（4）应装设能满足发电机运行或电动机运行的失磁、失步保护。并由运行方式切换发电机运行或电动机运行下其保护的投退。

（5）变频启动时宜闭锁可能由谐波引起误动的各种保护，启动结束后应自动解除其闭锁。

（6）对发电机电制动停机，宜装设防止定子绕组端头短接接触不良的保护，保护可短延时动作于切断电制动励磁电流。电制动停机过程宜闭锁会发生误动的保护。

（7）为防止电动机工况下，输入功率过低和失去电源，发电、电动机应装设低功率保护，保护动作于停机。

（8）为防止发电、电动机调相运行工况失去电源，并作为电动工况低功率保护的后备，发电、电动机应装设低频保护。保护在发电、电动工况下投入，在同步启动过程中退出。保护在发电运行方式时可动作于调相转发电操作，在电动机运行方式时宜动作于解列灭磁。

（9）对同步启动过程中定子绕组及其连接母线设备的短路故障，应装设次同步保护，在启动过程中背靠背启动 5s 后投入，并网后退出。保护可设速动和延时两段，动作于停机。

（10）为了防止发电电动机失步运行，应参照以上 15“发电机失步保护”装设失步保护。电动机运行方式时保护应动作于停机。

（11）为了防止换相开关因故障或误操作，造成发电、电动机组电压相序与旋转方向不一致，可装设电压相序保护，保护在启动时检测启动过程中的相序。保护动作于闭锁自动操作回路和解列灭磁。

（12）在机组由水泵调相工况向水泵工况转换过程中，为防止机组在抽空状态下运行，损坏机组密封及导水机构，宜装设溅水功率保护。溅水功率保护在发电及发电调相工况下闭锁。保护可设延时段，动作于停机。

三、发电机–变压器组中变压器保护配置

1. 一般原则

（1）对于大型发电机–变压器组升压变压器的下列故障及异常运行方式，应按本模块的规定装设相应的保护装置：

1）绕组及其引出线的相间短路和在中性点直接接地侧的单相接地短路；

2）绕组的匝间短路；

3）外部相间短路引起的过电流；

4）中性点直接接地或经小电阻接地电力网中，外部接地短路引起的过电流及中性点过电压；

5）中性点非有效接地侧的单相接地故障；

6）过负荷；

7）过励磁；

8）油面降低；

9）变压器油面温度、绕组温度过高及油箱压力升高和冷却系统故障。

（2）当发电机与变压器之间不装设断路器时，上述各项故障的保护动作于跳变压器各侧断路器时，应同时动作于停机；当发电机与变压器之间装设断路器时，上述各项故障的保护动作于跳变压器各侧断路器时，宜同时动作于解列灭磁。

2. 主变压器内部、套管和引出线故障的主保护

（1）宜采用不同涌流闭锁原理的纵联差动保护作为变压器主保护，瞬时跳开变压器各侧断路器。其中一套主保护应采用二次谐波制动原理的比率差动保护。

（2）每套主保护中应配置不经 TA 断线闭锁的差动速断保护，瞬时跳开变压器各侧断路器。

3. 主变压器相间短路后备保护

（1）双绕组变压器高压侧和三绕组变压器高、中压侧应装设复合电压启动的过电流保护。保护为两段式，每段保护可带两段或三段时限，并以较短时限动作于缩小故障影响范围，或动作于本侧断路器，以较长时限动作于断开变压器各侧断路器。

（2）三绕组变压器高、中压侧应装设复合电压启动的方向过电流保护。

（3）对有倒送电运行要求的变压器，应装设专门的倒送电过电流保护，保护带一段时限，跳开变压器各侧断路器。正常运行时可用发电机出口断路器辅助触点等条件进行联锁退出该保护。

（4）变压器低压侧不另设相间短路后备保护，应利用装于发电机中性点侧的相间短路后备保护，作为高、中压侧外部、变压器和分支线相间短路后备保护。

（5）在满足灵敏性和选择性要求的情况下，应优先选用简单可靠的电流、电压保护作为后备保护，复合电压启动由变压器各侧电压构成“或”门逻辑。对电流、电压

保护不能满足灵敏性和选择性要求的可采用阻抗保护。

4. 主变压器单相接地短路后备保护

（1）当主变压器中性点直接接地运行，应按以下规定装设接地短路后备保护：

1）220kV 双绕组变压器高压侧应装设中性点零序过电流保护，保护设两段式，保护均不带方向；

2）500kV 双绕组变压器高压侧应装设零序过电流保护，保护设一段定时限和一段反时限，保护均不带方向；

3）220kV 三绕组变压器高压侧、中压侧应装设零序过电流保护，保护设两段式，两段均可选择带方向或不带方向；

4）500kV 三绕组变压器高压侧应装设零序过电流保护，保护设一段定时限和一段反时限，定时限带方向，方向可以选择，反时限不带方向；

5）500kV 三绕组变压器中压侧应装设零序过电流保护，保护设一段定时限，方向可以选择。

（2）主变压器高压侧中性点可能接地运行也可能不接地运行的情况，除按（1）规定装设零序过电流（带或不带方向）保护外，还应装设高压侧零序过电压保护。零序过电压保护动作跳变压器时间应满足变压器中性点绝缘承受能力要求。

（3）主变压器为分级绝缘，其高压侧中性点装设对地放电间隙的情况，除按（1）规定装设零序过电流（带或不带方向）保护以及按（2）规定装设零序过电压保护外，还应装设放电间隙的零序过电流保护。零序过电压单独经短延时出口，间隙零序过电流和零序过电压元件组成“或”门逻辑经较长延时出口，动作于跳开变压器各侧断路器。

（4）发电机端装设断路器的主变压器低压侧宜装设反映低压侧接地故障的零序过电压保护，保护动作于信号。

5. 主变压器过负荷保护

（1）双绕组变压器高压侧和三绕组变压器高、中压侧应装设过负荷保护，延时动作于信号。

（2）主变压器低压侧不另设过负荷保护，而利用装于发电机中性点侧的定子绕组过负荷保护，作为变压器低压侧过负荷后备保护。

6. 主变压器过励磁保护

（1）对于高压侧为500kV 及以上的主变压器，为防止由于频率降低或电压升高引起变压器磁密过高而损坏变压器，应装设过励磁保护。保护应具有定时限或反时限特性并与被保护变压器的过励磁特性相配合。定时限保护由两段组成，低定值动作于信号，高定值动作于跳开变压器各侧断路器。

（2）发电机与变压器之间不装设断路器时可共用一套过励磁保护，其保护装于发电机电压侧，定值可按发电机或变压器的过励磁能力较低的要求整定。

7. 主变压器非电气量保护

（1）主变压器应装设瓦斯保护。重瓦斯保护动作瞬时跳开变压器各侧断路器，轻瓦斯保护瞬时动作于信号。带负荷调压变压器充油调压开关，亦应装设瓦斯保护。

（2）主变压器应装设压力释放保护，宜动作于信号。

（3）主变压器为强迫油循环的，应装设冷却系统全停保护。冷却系统全停时瞬时发报警信号；冷却系统全停经延时后，且主变压器顶层油温上升至整定要求时则跳闸。

（4）主变压器应装设油温及绕组温度保护。

（5）主变压器应装设油位异常保护，动作于信号。

8. 断路器失灵启动与三相不一致保护

（1）变压器电量保护动作应启动 500kV 侧、220kV 侧断路器失灵保护，变压器非电量保护跳闸不启动断路器失灵保护。断路器失灵判别的电流元件和时间元件宜与变压器保护完全独立。

（2）220kV 断路器失灵保护提供两副接点，第一副接点解除失灵保护复合电压闭锁回路，第二副接点启动失灵保护并发信号。

（3）发电机–变压器组断路器出现非全相运行时，首先应采取发电机降出力措施，然后经快速返回的“负序或零序电流元件”闭锁的“断路器非全相判别元件”，由独立的时间元件以第一时限启动独立的跳闸回路重跳本断路器一次，并发出“断路器三相位置不一致”的动作信号。若此时断路器故障仍然存在，可采用以下措施：

1）以“零序或负序电流”元件动作、“断路器三相位置不一致”和“保护动作”构成的“与”逻辑，通过独立的时间元件以第二时限去解除断路器失灵保护的复合电压闭锁，并发出告警信号。

2）同时经“零序或负序电流”元件以及任一相电流元件动作的“或”逻辑，与“断路器三相位置不一致”，“保护动作”构成的“与”逻辑，经由独立的时间元件以第三时限去启动断路器失灵保护，并发“断路器失灵保护启动”的信号。

四、发电电动机组保护配置及动作后果

发电电动机、主变压器继电保护动作后果见表 1–5–2、表 1–5–3。

表 1-5-2　发电电动机继电保护动作后果表

序号	保护装置代号	保护名称	闭锁保护								保护动作后果													备注
			发电		水泵		电制动		水泵启动		动作时限			报警	灭磁开关	机组CB	停机	主变压器500kV侧CB	相邻机组CB	相邻机组停机	厂用变压器高压侧CB	SFC CB	消防控制	
			运行	调相	运行	调相	发电	水泵	启动	被启动	0	t_1	t_2											
1	87G–A	纵差动保护									T			X	X	X	X						X	“T”表示保护动作时限
2	87G′–A	纵差动保护					B	B	B	B	T			X	X	X	X						X	“X”表示保护动作后果
3	87G–B	纵差动保护									T			X	X	X	X						X	“B”表示保护在此工况下闭锁
4	87G′–B	纵差动保护					B	B	B	B	T			X	X	X	X						X	
5	51/27G–A	低电压过电流保护					B	B	B	B		T		X	X	X	X							
6	51/27G–B	低电压过电流保护					B	B	B	B		T		X	X	X	X							
7	46Gg–A	负序电流保护（定时限）			B	B	B	B		B		T		X										
		负序电流保护（反时限）			B	B	B	B		B				X	X	X	X							

续表

序号	保护装置代号	保护名称	闭锁保护								保护动作后果														备注
			发电		水泵		电制动		水泵启动		动作时限			报警	灭磁开关	机组CB	停机	主变压器500kV侧CB	相邻机组CB	相邻机组停机	厂用变压器高压侧CB	SFC CB	消防控制	
			运行	调相	运行	调相	发电	水泵	启动	被启动	0	t_1	t_2											
8	46Gg–B	负序电流保护（定时限）			B	B	B	B		B		T		X										
		负序电流保护（反时限）			B	B	B	B		B				X	X	X	X							
9	46Gm–A	负序电流保护（定时限）	B	B			B	B	B			T		X										
		负序电流保护（反时限）	B	B			B	B	B					X	X	X	X							
10	46Gm–B	负序电流保护（定时限）	B	B			B	B	B			T		X										
		负序电流保护（反时限）	B	B			B	B	B					X	X	X	X							
11	51GN–A	单元件横差保护									T			X	X	X	X							
12	51GN–B	单元件横差保护									T			X	X	X	X							
13	51/81G–A	低频过电流保护	B	B	B	B						T		X	X	X	X							
14	51/81G–B	低频过电流保护	B	B	B	B						T		X	X	X	X							
15	81G–A	低频保护	B				B	B	B	B		T		X	X	X	X							发电机断路器合闸时投入

续表

序号	保护装置代号	保护名称	闭锁保护								保护动作后果														备注
			发电		水泵		电制动		水泵启动		动作时限			报警	灭磁开关	机组CB	停机	主变压器500kV侧CB	相邻机组CB	相邻机组停机	厂用变压器高压侧CB	SFC CB	消防控制	
			运行	调相	运行	调相	发电	水泵	启动	被启动	0	t_1	t_2											
16	81G–B	低频保护	B				B	B	B	B		T		X	X	X	X							发电机断路器合闸时投入
17	32G–A	逆功率保护		B	B	B				B		T		X	X	X	X							
18	32G–B	逆功率保护		B	B	B				B		T		X	X	X	X							
19	37G–A	低功率保护	B	B		B	B	B	B	B		T		X	X	X	X							
20	37G–B	低功率保护	B	B		B	B	B	B	B		T		X	X	X	X							
21	40G–A	失磁保护					B	B	B	B		T		X	X	X	X							
22	40G–B	失磁保护					B	B	B	B		T		X	X	X	X							
23	78G–A	失步保护					B	B	B	B		T		X	X	X	X							
24	78G–B	失步保护					B	B	B	B		T		X	X	X	X							
25	49G–A	定子过负荷保护（电流型）										T		X										
		定子过负荷保护（温度型）												X	X	X	X							
26	49G–B	定子过负荷保护（电流型）										T		X										
		定子过负荷保护（温度型）												X	X	X	X							

续表

序号	保护装置代号	保护名称	闭锁保护								保护动作后果														备注
			发电		水泵		电制动		水泵启动		动作时限			报警	灭磁开关	机组CB	停机	主变压器500kV侧CB	相邻机组CB	相邻机组停机	厂用变压器高压侧CB	SFC CB	消防控制	
			运行	调相	运行	调相	发电	水泵	启动	被启动	0	t_1	t_2											
27	59G–A	过电压保护（低定值）											T	X	X	X	X							
		过电压保护（高定值）										T		X	X	X	X							
28	59G–B	过电压保护（低定值）											T	X	X	X	X							
		过电压保护（高定值）										T		X	X	X	X							
29	59/81G–A	过励磁保护（低定值）										T		X										
		过励磁保护（低定值）											T	X	X	X	X							
		过励磁保护（高定值）										T		X	X	X	X							
30	59/81G–B	过励磁保护（低定值）										T		X										
		过励磁保护（低定值）											T	X	X	X	X							
		过励磁保护（高定值）										T		X	X	X	X							
31	47G–A	电压相序保护	B	B	B	B	B	B				T		X	X	X	X							发电电动机启动时投入

续表

序号	保护装置代号	保护名称	闭锁保护								保护动作后果													备注
			发电		水泵		电制动		水泵启动		动作时限			报警	灭磁开关	机组CB	停机	主变压器500kV侧CB	相邻机组CB	相邻机组停机	厂用变压器高压侧CB	SFC CB	消防控制	
			运行	调相	运行	调相	发电	水泵	启动	被启动	0	t_1	t_2											
32	47G–B	电压相序保护	B	B	B	B	B	B				T		X	X	X	X							发电电动机启动时投入
33	64S–A	100%定子接地保护					B	B				T		X	X	X	X							
34	64S–B	100%定子接地保护					B	B				T		X	X	X	X							
35	64R–A	转子接地保护										T		X										
36	64R–B	转子接地保护										T		X										
37	50BF–A	断路器失灵保护					B	B	B	B		T		X	X	X	X	X	X	X	X	X		
38	50BF–B	断路器失灵保护					B	B	B	B		T		X	X	X	X	X	X	X	X	X		
39	46–A	电流不平衡保护	B	B	B	B			B	B		T		X	X									
40	46–B	电流不平衡保护	B	B	B	B			B	B		T		X	X									
41	50/27G–A	突然加电压保护	B	B	B	B			B		T			X	X	X	X							
42	50/27G–B	突然加电压保护	B	B	B	B			B		T			X	X	X	X							

注　发电运行工况包括黑启动。

表 1–5–3　　主变压器继电保护动作后果表

序号	保护装置代号	保护名称	闭锁保护								保护动作后果														备注
			发电		水泵		电制动		水泵启动		动作时限			报警	灭磁开关	机组CB	停机	主变压器500kV侧CB	相邻机组CB	相邻机组停机	厂用变压器高压侧CB	SFC CB	消防控制	励磁变压器低压侧CB	
			运行	调相	运行	调相	发电	水泵	启动	被启动	0	t_1	t_2												
1	87T–A	纵差动保护									T			X	X	X	X	X	X	X	X	X	X		
2	87T′–A	纵差动保护							B	B	T			X	X	X	X	X	X	X	X	X	X		
3	87T–B	纵差动保护							B	B	T			X	X	X	X	X	X	X	X	X	X		
4	51T–A	复合电压过电流保护										T		X	X	X	X	X	X	X	X	X			
5	51T–B	复合电压过电流保护										T		X	X	X	X	X	X	X	X	X			
6	51TN–A	零序电流保护										T		X											
		零序电流保护											T	X	X	X	X	X	X	X	X	X			
7	51TN–B	零序电流保护										T		X											
		零序电流保护											T	X	X	X	X	X	X	X	X	X			
8	59/81T–A	过励磁保护（低定值）										T		X											

续表

序号	保护装置代号	保护名称	闭锁保护								保护动作后果														备注
			发电		水泵		电制动		水泵启动		动作时限			报警	灭磁开关	机组CB	停机	主变压器500kV侧CB	相邻机组CB	相邻机组停机	厂用变压器高压侧CB	SFC CB	消防控制	励磁变压器低压侧CB	
			运行	调相	运行	调相	发电	水泵	启动	被启动	0	t_1	t_2												
		过励磁保护（低定值）											T	X	X	X	X	X	X	X	X	X			
		过励磁保护（高定值）										T		X	X	X	X	X	X	X	X	X			
9	59/81T–B	过励磁保护（低定值）										T		X											
		过励磁保护（低定值）											T	X	X	X	X	X	X	X	X	X			
		过励磁保护（高定值）										T		X	X	X	X	X	X	X	X	X			
10	64T–A	主变压器低压侧接地保护										T		X											
11	64T–B	主变压器低压侧接地保护										T		X											
12	51ET–A	励磁变压器过电流保护										T		X	X	X	X							X	
		励磁变压器过电流保护											T	X	X	X	X	X	X	X	X	X			

续表

序号	保护装置代号	保护名称	闭锁保护								保护动作后果															备注
			发电		水泵		电制动		水泵启动		动作时限			报警	灭磁开关	机组CB	停机	主变压器500kV侧CB	相邻机组CB	相邻机组停机	厂用变压器高压侧CB	SFC CB	消防控制	励磁变压器低压侧CB	
			运行	调相	运行	调相	发电	水泵	启动	被启动	0	t_1	t_2												
13	51ET–B	励磁变压器过电流保护										T		X	X	X	X							X	
		励磁变压器过电流保护											T	X	X	X	X	X	X	X	X	X			
14	49R–A	励磁绕组过负荷保护										T		X											带时限动作于信号和降低励磁电流
		励磁绕组过负荷保护											T	X	X	X	X							X	反时限动作
15	49R–B	励磁绕组过负荷保护										T		X											带时限动作于信号和降低励磁电流
		励磁绕组过负荷保护											T	X	X	X	X							X	反时限动作
16	45T	重瓦斯保护									T			X	X	X	X	X	X	X	X	X	X		
17		轻瓦斯保护									T			X											

续表

序号	保护装置代号	保护名称	闭锁保护								保护动作后果														备注
			发电		水泵		电制动		水泵启动		动作时限			报警	灭磁开关	机组CB	停机	主变压器500kV侧CB	相邻机组CB	相邻机组停机	厂用变压器高压侧CB	SFC CB	消防控制	励磁变压器低压侧CB	
			运行	调相	运行	调相	发电	水泵	启动	被启动	0	t_1	t_2												
18	23T	温度（绕组及油温）保护（低定值）									T			X											
		温度（绕组及油温）保护（高定值）									T			X	X	X	X	X	X	X	X	X			
19	71T	油位异常保护（油位过低）									T			X											
		油位异常保护（油位过高）									T			X											
20		油压速动保护（低定值）									T			X											
		油压速动保护（高定值）									T			X	X	X	X	X	X	X	X	X			
21	63T	压力释放保护									T			X	X	X	X	X	X	X	X	X			
22	62T	冷却系统故障保护									T			X											
		冷却系统故障保护										T		X	X	X	X	X	X	X	X	X			

【思考与练习】

1. 简述发电机–变压器组保护配置的基本原则。
2. 300MW 的发电机一般配置哪些保护？
3. 主变压器单相接地短路后备保护如何配置？
4. 220kV 双绕组变压器一般配置哪些保护？

模块 6　发电机–变压器组保护装置的调试（ZY5400103006）

【模块描述】本模块包含发电机–变压器组微机保护装置的调试流程和调试方法，通过实际操作训练和调试原理的讲解，掌握典型装置的硬件结构、插件功能、面板操作、调试工具的使用以及静态调试和动态调试的方法。

【正文】

一、作业流程

发电机–变压器组保护装置的调试维护作业流程如图 1–6–1 所示。

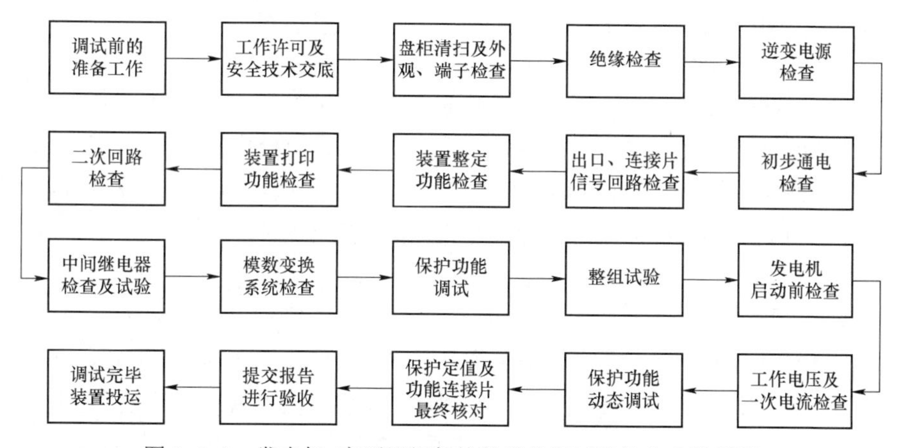

图 1–6–1　发电机–变压器组保护装置的调试维护作业流程图

二、校验项目、技术要求及校验报告

（一）盘柜清扫及外观、端子检查

在盘柜清扫及外观检查前，应断开所有外加电源（直流电源及交流电源）及带电的开关量输入回路。

1. 盘柜清扫

先用毛刷、白布等工具对盘柜内部的保护装置、中间继电器和打印机等组件进行除尘工作；再用酒精和白布对保护盘柜前后的金属门等机械部件进行擦拭；最后，用吹风机或吸尘器对保护盘柜进行统一的清洁。

2. 机械部分检查

检查保护盘柜及保护机箱无变形、损伤。各标准插件的插拔应灵活，接头的接触应可靠。具有分流片的交流电流插件，当插件插入机箱后分流片应能可靠断开，插件拔出后分流片应可靠闭合，当附加抗干扰装置时，其抗干扰电容、直流抗干扰盒等处应无短路隐患。各接地线及接地铜排应固定良好。

3. 对装置各分插件的检查

对具有插入式芯片的各插件，应检查插入式芯片的插入是否良好，插腿有无错位及管足弯曲现象；各印刷电路线是否良好。对于背插式交流模件，应在插件内拧紧电流引入线的固定螺钉，以确保电流互感器二次不会在插件内打火或开路，拧紧各插件的背后接线端子上的螺钉。

4. 柜后端子排及机箱背板端子的检查

用相应的螺丝刀，拧紧盘柜后端子排上的接线端子及短接连片的固定螺钉。一定要拧紧接电流互感器二次电流的连接端子及交流模件背后的端子上的螺钉，严防电流互感器二次回路开路或接触不良。对于未投入的模拟量输入通道，应在插件内部或插件输入端子上将其短接并接地，以防运行时对其他通道进行干扰。

5. 复归按钮、试验按钮、连接片及试验部件的检查

各复归及试验按钮、插件上的小开关或拨轮开关，应操作灵活，无卡阻及损伤现象，拧紧各按钮及试验部件上的固定螺钉。上述元件上的连线应固定牢靠及接触可靠。另外，各操作键盘的按键应操作灵活，无卡阻及不复归现象。

（二）绝缘检查

1. 检查前应具备的条件

进行绝缘电阻检查前，再次核对装置各回路已断电，将交流电流回路、交流电压回路、跳合闸回路、直流控制回路的端子分别短接，将各层机箱内直流稳压电源的5V、±12V（±15V）输出端子可靠短接，将电源的24V 正极和负极可靠短接起来；将机箱内所有插件插入机箱。拆除交流回路和装置本身的接地端子，试验完成后注意恢复接地点。注意绝缘电阻测量时应通知有关人员暂时停止在回路上的一切工作，断开电源，拆开回路接地点。

2. 测量项目及要求

（1）检查条件。进行绝缘电阻测试前，应先将交流电流回路、交流电压回路、跳合闸回路、直流控制回路的端子分别短接，拆除交流回路和装置本身的接地端子，试验完成后注意恢复接地点。

（2）检查内容。

1）用 1000V 绝缘电阻表检查交流电流回路对地的绝缘电阻、交流电压回路对地的绝缘电阻，要求大于 10MΩ。

2）用 1000V 绝缘电阻表摇测直流控制回路对地的绝缘电阻，要求大于 10MΩ。

3）用 1000V 绝缘电阻表摇测出口触点的绝缘电阻，要求大于 10MΩ。

（三）逆变电源检查

（1）检查条件。在合电源开关之前，将被试机箱中所有插件接入。给电后，严禁插拔任何插件。

（2）检查内容。

1）检查电源的自启动性能：拉合直流开关，逆变电源应可靠启动。

2）进入装置菜单，记录逆变电源输出电压值。

（四）初步通电检查

1. 通电条件

将保护装置机箱中的所有插件插入机箱，合上各直流电源开关及直流稳压电源开关。

2. 检查项目

（1）装置自检功能检查。合上发电机–变压器组保护装置电源后，装置运行灯亮或自检灯闪光，且无故障及装置异常信号，则可通过保护装置通电自检功能的检验。

（2）保护装置失电功能检查。失电后各种信号应不丢失，输出“保护失电”信号。

（3）保护装置键盘操作及操作密码检查。在保护装置正常运行状态下检验键盘。分别操作每一键，保护装置的液晶显示应均有反映，键盘操作应灵活正确，保护密码应正确，并有记录。

（4）装置软件版本号检查。按照保护说明书进行操作，可分别显示保护板、管理板的软件版本号和 CRC 校验码。

（五）出口、连接片信号回路检查

1. 装置出口检查

操作键盘，使保护装置处于“调试状态”，对于已经投运或准备投运的保护装置，应在盘后端子排上的外侧，打开跳断路器回路、启动失灵回路、启动故障录波回路等与其他系统有联系的回路。依次操作保护装置的各出口，在柜后端子排上用万用表欧姆挡测量出口，测量电阻不大于 0.1Ω。

2. 装置连接片信号回路检查

在保护装置运行状态下，依次投入保护功能连接片，同时监视液晶屏幕上显示的保护功能变位情况。要求显示保护投退状态应和实际状态对应。

（六）装置整定功能检查

1. 定值存储区号设置

按照厂家说明书，依次操作键盘设置不同的保护定值存储区，并进入该区域进行定值查看。

2. 定值储存与修改功能检查

操作键盘进入任意区域的保护定值存储区，挑选任意一组保护定值进行修改、固化，退出保护操作界面回到保护装置的缺省界面，再次进入检查该定值，定值已经修改。

3. 整定值的失电保护功能检查

失电后保护定值应不丢失。

（七）装置打印功能检查

1. 外部检查

将各 CPU 系统的通信接口（一般采用 RS485 串口）与打印机系统接口连接起来，拧紧接口处的螺钉，打印机电源线的接地屏蔽线应可靠接地。

2. 打印报告

通过界面键盘或触摸屏幕操作，启动打印机系统分别打印出定值清单、采样报告及其他事件报告。

要求：打印正确、字体清晰、无卡纸或串行现象。

（八）二次回路检查

1. 电流互感器二次回路检查

（1）新安装的电流互感器进行整组回路的检查。解开安装在高压开关场的电流互感器端部的二次端子，用继电保护测试仪注入试验电流；操作保护装置界面，调出保护装置实时电流显示，对照保护装置面板上的电流显示信息，分析注入的电流与保护装置显示电流是否一致。

（2）全部、部分检验时，电流互感器进行二次回路完好性检查。在保护背部端子排上断开电流互感器二次回路，用万用表对电流互感器二次回路的整体电阻值进行测量，确定电流互感器二次回路的完好性。

2. 电压互感器二次回路的检查

（1）新安装的电压互感器进行整组回路的检查。解开安装在高压开关场的电压互感器端部的二次端子，用继电保护测试仪注入试验电压；操作保护装置界面，调出保护装置实时电压显示，对照保护装置面板上的电压显示信息，分析计算注入的电压与保护装置显示电压是否一致。

（2）全部、部分检验时，电压互感器进行二次回路完好性检查。在保护背部端子排上断开电压互感器二次回路，用万用表对电压互感器二次回路的整体电阻值进行测量，确定电流互感器二次回路的完好性。

3. 开关量输入回路二次接线检查

利用导通法依次确定外界系统送至保护二次端子排上的开关量输入回路接线正确，与二次设计施工图纸一致，与电缆标牌及电缆芯的标号一致。

4. 开关量输出回路二次接线检查

利用导通法依次确定保护二次端子排送至监控、报警系统、开关操作箱、控制箱、故障录波装置等系统的开关量输出回路接线正确，与二次设计施工图纸一致，与电缆标牌及电缆芯的标号一致。

（九）中间继电器检查及检验

1. 中间继电器外部检查

要求继电器外壳应完好无损，盖与底座之间密封良好，吻合可靠；各元件不应有外伤和破损，且安装牢固、整齐；导电部分的螺钉、接线柱以及连接导线等部件，不应有氧化、开焊及接触不良等现象，螺钉及接线柱均应有垫片及弹簧垫；非导电部分，如弹簧、限位杆等，必须用螺钉加以固定并用耐久漆点封。

2. 对继电器触点检查

要求触点固定牢固可靠，无拆伤和烧损。动合触点闭合后要有足够的压力，即接触后有明显的共同行程。动、静触点接触时应中心相对。

3. 对继电器内部弹簧检查

要求弹簧无变形，当弹簧由起始位置转至最大刻度位置时，层间距离要均匀，整个弹簧平面与转轴要垂直。

4. 对继电器线圈电阻检查

用高精度万用表测定线圈的电阻，并进行记录。

5. 动作电压（电流）及返回电压（电流）检查

定期检验时，可用80%额定电压的整组试验代替。

6. 动作（返回）时间测定

直接作用于断路器跳闸的中间继电器，其动作时间应不大于10ms。定期检验时，出口中间继电器的动作时间检验与装置的整组试验一起进行。

7. 负荷状态下继电器运行观察

检查、观察触点在实际负荷状态下的工作状况，并进行记录。

8. 测量大功率中间继电器的直流工作电压及功率

按照相关规程要求，应为大于55%、小于70%直流电源电压，测量大功率中间继电器的功率，按照相关规程要求，应不小于5W。

（十）模数变换系统检查

1. 零点漂移检验

进行零点漂移检验时，要求装置不输入交流电流、电压量，观察装置在一段时间内的电流、电压偏移值。此时电流、电压的偏移值应在 $0.01I_N$ 或 0.05V 以内。

2. 电流、电压测量精度试验

在保护柜后竖端子排上同时加三相正序电压和三相正序电流，调整输入交流电压分别为 5、20、35、50、65V，电流分别为 $0.1I_N$、$0.5I_N$、I_N、$2I_N$、$5I_N$，根据三相电压、电流采样值，可以判断从柜后竖端子排电压、电流端子到 A/D 插件这部分回路是否正确，三相通道的调整是否精确，各硬件是否良好。

要求：交流电压在 $0.01U_N$～$1.5U_N$ 范围内，相对误差不大于 2.5%或绝对误差不大于 $0.002U_N$；交流电流在 $0.1I_N$～$40I_N$ 范围内，相对误差不大于 2.5%或绝对误差不大于 $0.02I_N$。

（十一）保护功能调试

发电机–变压器组保护功能调试的部分内容参考模块发电机保护装置调试（ZY5400103003）、模块 220kV 变压器微机保护装置的调试（ZY1900203006）以及模块 500kV 变压器微机保护装置调试（ZY1900203009），本模块只对以上模块未涉及的保护功能调试试验进行介绍。

1. 纵联差动保护

调试试验以三段折线比率制动型的变压器差动保护为例。变压器以联结组别为 Ynd11 的两圈型变压器为例。变压器差动保护含相位补偿、二次谐波制动、五次谐波制动、差动速断、换相运行等功能。

（1）起始动作电流校验。试验接线如图 1–6–2 所示。在图 1–6–2 中，I_{a1}、I_{b1}、I_{c1}、I_{n1} 分别为变压器高压侧 TA 二次三相电流输入端子，I_{a2}、I_{b2}、I_{c2}、I_{n2} 分别为变压器低压侧差动 TA 二次三相电流输入端子，I_A、I_B、I_C、I_N 为继电保护测试仪的三相电流输出，I_1 为 A 相进行启动电流校验时继电保护测试仪输出的电流，I_2 为进行 A 相启动电流校验时低压侧 C 相注入的补偿电流。

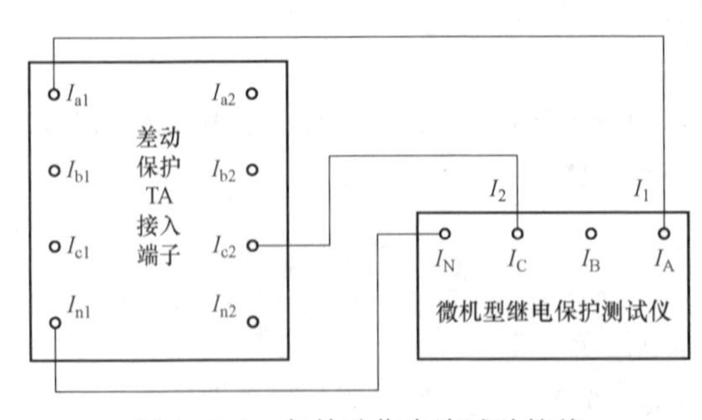

图 1–6–2　起始动作电流试验接线

试验方法：操作保护装置界面，调出差动保护 A 相差电流显示通道。由零缓慢增加继电保护测试仪的输出电流直至差动保护动作。记录保护动作时的外加电流值及屏幕电流显示值，然后再操作界面，调出差动保护 B、C 相差电流显示通道。将继电保护测试仪 I_{a1} 端子上的输出线分别接到 I_{b1}、I_{c1} 端子上，重复上述试验、观察并记录。

注意到相位补偿是在高压侧（Y）采用两相电流相量差（超前电流—滞后电流），当加入单相电流进行差动定值校验时，两相有相同的差流，都有可能动作。如在高压侧 A 相电流端子上加电流 $I_A\angle 0^\circ$ 进入装置 A 相的电流为 $K_h I_A\angle 0^\circ$，在 C 相中有差流 $K_h I_A\angle 180^\circ$，大小相等，相位相反。此时 A 相和 C 相差动都有可能动作。如果要正确测定 A 相差动定值，需要将低压侧 C 相差流进行补偿，补偿电流如式（1–6–1）。在继电保护测试仪 I_C 输出补偿电流将 C 相差流平衡。

$$I_c=\frac{K_h}{K_L}I_A\angle 0^\circ \tag{1–6–1}$$

$$I_a=\frac{K_h}{K_L}I_A\angle 180^\circ \tag{1–6–2}$$

要求：保护动作时外加电流等于屏幕显示电流，并近似等于整定值，最大误差不大于 5%。

（2）动作特性曲线校验。试验接线如图 1–6–3 所示。在图 1–6–3 中，I_{a1}、I_{b1}、I_{c1}、I_{n1} 分别为变压器高压侧 TA 二次三相电流输入端子，I_{a2}、I_{b2}、I_{c2}、I_{n2} 分别为变压器低压侧差动 TA 二次三相电流输入端子，I_A、I_B、I_C、I_N 为继电保护测试仪的三相电流输出。

用继电保护测试仪在高低压侧对应相加电流，调整差流为零。方法：在高压侧 A 相加电流，在低压侧 a 相、c 相分别加入相位相反和相位相同的电流，即高压侧 A 相加电流 $I_A\angle 0^\circ$，低压侧 a 相注入式（1–6–2）表示的电流，低压侧 c 相注入式（1–6–1）表示的电流，此时的差流为 0。然后固定高压侧电流（通道 I_A 所注入电流），调节降低低压侧电流（通道 I_B 所注入电流），直至差动动作，记录高低压侧动作电流。分别在高压侧注入 $0.5I_N$、$0.75I_N$、$0.95I_N$、$1.05I_N$、$1.35I_N$、$1.75I_N$ 、$2I_N$、$2.55I_N$、$3.5I_N$（I_N 为高压侧的额定电流）等多组电流，重复进行差动保护动作特性测试试验，并记录低压侧 I_a 的动作值。按照保护装置说明书上提供的差动电流、制动电流和比率制动系数公式，计算比率制动系数。

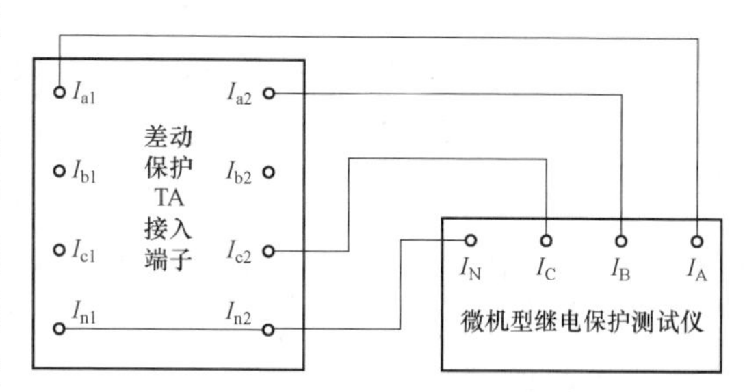

图 1–6–3　变压器差动动作特性曲线试验接线

要求：计算出的拐点电流及制动系数与整定值的最大误差不大于 5%。

（3）差动速断定值校验。部分厂家的发电机纵差保护设置有差动速断保护功能，退出纵差保护软连接片后进行差动速断保护校验。差动速断保护动作值的试验接线及试验方法，与校验差动保护启动电流的方法相同。

（4）二次谐波制动功能校验。依次在高压侧的 A、B、C 相加入基波电流（50Hz）和二次谐波电流（100Hz），要求基波电流＞差动定值/高压侧平衡系数。从大于定值的谐波分量逐渐减小，直至差动保护动作。记录二次谐波的百分值（或实际值）。

要求：实测值与整定值最大误差不大于 5%。

（5）五次谐波制动功能校验。依次在高压侧的 A、B、C 相加入基波电流（50Hz）和五次谐波电流（250Hz），要求基波电流＞差动定值/高压侧平衡系数。从大于定值的谐波分量逐渐减小，直至差动保护动作。记录五次谐波的百分值（或实际值）。

要求：实测值与整定值最大误差不大于 5%。

（6）抽水蓄能机组水泵工况换相功能校验。抽水蓄能（以下简称蓄能）发电机–变压器组单元，其中有一组主变压器差动保护的低压侧 TA 可能跨越换相闸刀，这样蓄能机组在水泵工况运行时，差动保护高压侧的相序为正序而低压侧相序为负序，若不采取措施，差动保护将误动。现有的蓄能电站变压器保护装置一般都有换相功能来适应蓄能机组多种工况运行的需要。

满足保护装置的外部条件，使保护装置的逻辑组态切换至水泵工况，操作保护装置界面，调出主变压器低压侧电流显示，操作继电保护测试仪给主变压器低压侧注入三相负序电流，检查电流采样的相序。

要求：保护装置电流采样应为正序电流，主变压器差动保护应能可靠换相。

（7）蓄能机组背靠背工况闭锁差动保护功能校验。蓄能发电机–变压器组单元，其中一组主变压器差动保护的低压侧 TA 可能跨越拖动闸刀，这样在蓄能机组背靠背启动过程中，蓄能机组低压侧有电流，但高压侧无电流，可能导致变压器差流长期存在，甚至可能误动。

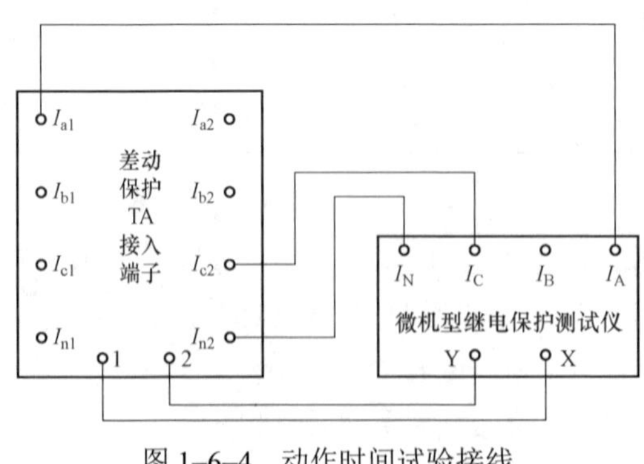

图 1–6–4　动作时间试验接线

满足保护装置的外部条件，使保护装置的逻辑组态切换至背靠背工况，注入 1.2 倍差动启动电流，检查保护动作情况。

要求：差动保护应可靠不动作。

（8）动作时间校验。主变压器差动保护是发电机–变压器组单元的主保护，其动作时间一般为 20～40ms。试验接线如图 1–6–4 所示。图 1–6–4 中，端子 1、2 为差动保护一对出口或信号触点的输出端子。该对触点与微机继电保护测试仪停止计时返回触点输入端 X、Y 相连接。操作继电保护测试仪，使其输出 1.2 倍差动保护初始动作电流，分别记录三相差动保护各相的动作时间。

要求：测得的时间应不大于 40ms，特殊要求除外。

2. 发电机匝间保护

调试试验以纵向零序电压式匝间保护为例。在纵向零序电压式匝间保护中，反映发电机匝间短路故障的主判据是纵向零序基波电压，为了调高保护的可靠性，还配置了某些辅助判据（例如负序功率方向闭锁元件、三次谐波电压制动元件）来改善该保护的性能。

（1）纵向零序电压值的校验。暂将保护的动作延时调到最小，操作继电保护测试仪，使其输出电压为纯基波分量。电压由零升高至匝间保护动作，记录动作时的电压。

要求：动作时的电压值与整定值最大误差不大于 5%。

（2）三次谐波电压制动系数校验。操作继电保护测试仪，使其输出电压中含有基波电压和三次谐波电压，其中基波电压分量大于灵敏段动作电压的整定值，而三次谐波分量也很大，保护不动作。维持电压中的基波成分不变，而缓慢减小三次谐波电压值直至保护动作，记录保护动作时的基波电压 U_0 和三次谐波电压 U_3。按式（1–6–3）计算出制动系数 K_z

$$K_z = \frac{U_0 - U_{0ldz}}{U_3 - U_{3dz}} \tag{1–6–3}$$

式中　U_0——保护动作时注入的基波电压；

U_3——保护动作时注入的三次谐波电压；

U_{0ldz}——保护动作电压定值；

U_{3dz}——三次谐波电压的整定值。

要求：计算出的制动系数与整定值的最大误差不大于 5%。

（3）负序功率方向元件校验。操作继电保护测试仪，对装置通入三相对称负序电压及三相对称负序电流，并移动两者之间的相位，观察并记录界面上显示的负序功率的正、负及数值，并将显示值与计算值比较，两者的误差应小于 5%。

（4）动作时间校验。恢复匝间保护的动作时间。将延时出口的一对触点的输出端子接入继电保护测试仪，操作继电保护测试仪，突加 1.2 倍的基波动作电压，测量动作时间，并记录。

要求：动作时间与整定时间的最大误差不大于 1%。

3. 定子接地保护

调试试验以双频式定子 100%定子接地保护为例。双频式定子 100%定子接地保护，是由基波零序电压式定子接地保护和三次谐波电压式定子接地保护两部分构成。基波零序电压式定子接地保护采用机端 TV 开口三角形绕组两端，或取自发电机中性点单相 TV 的二次侧。三次谐波电压式定子接地保护采用三次谐波电压取自机端开口三角零序电压，中性点侧三次谐波电压取自发电机中性点 TV。

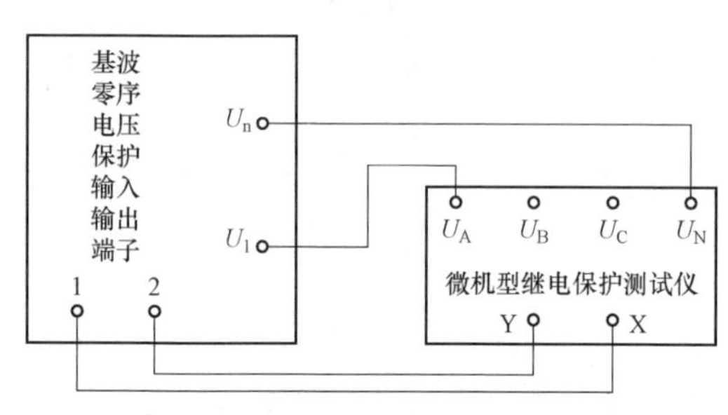

图 1–6–5　基波零序电压保护试验接线

（1）基波零序电压保护定值的校验。试验接线如图 1–6–5 所示。图 1–6–5 中，端子 U_1、U_n 为发电机机端开口电压接入端子，U_A、U_B、U_C、U_N 为继电保护测试仪电压输出端子。端子 1、2 为基波零序电压保护一对出口或信号触点的输出端子。该对接点与微机继电保护测试仪停止计时返回触点输入端 X、Y 相连接。

暂将基波零序电压保护动作延时调整为最小。操作继电保护测试仪从端子 U_1、U_n 注入电压，增大电压值直至发电机定子接地保护动作，记录保护的动作值。

要求：整定值与实测值的最大误差不大于 2.5%。

（2）TV 断线闭锁逻辑测试。在发电机机端 TV 开口三角电压端子加入基波电压，并超过整定值，出口灯亮；在发电机机端 TV 加三相不平衡电压，使满足 TV 断线信号，出口灯熄灭，TV 断线信号灯亮。

（3）三次谐波定子接地保护定值校验。模拟发电机运行工况，在机端三次谐波电压通道和中性点谐波电压通道分别加入三次谐波电压，机端的三次谐波电压（1V）小于中性点的三次谐波电压（1.2V），整定 K_1（相位、幅值平衡系数 1）、K_2（相位、幅值平衡系数 2），并写入到装置中，此时保护动作值应几近为零。然后模拟接地故障工况，在机端和中性点分别加入三次谐波电压，中性点的三次谐波电压（1V）小于机端的三次谐波电压（1.2V），整定 K_3（制动系数），使保护动作值略大于制动值，把 K_3 写入装置，记录好测试数据。正常情况下，双 CPU 的 K_1、K_2 和 K_3 应该大致相等。

以上是相位、幅值比较式原理的三次谐波定子接地保护。如果采用绝对值比较原理，只需整定 K_3。

（4）动作时间校验。

1）基波零序电压保护动作时间的测量。恢复基波零序电压保护动作延时。用继电保护测试仪突然加入 1.2 倍的动作电压，记录保护的动作时间。

2）三次谐波定子接地保护时间的测量。发电机机端 TV 开口三角电压突然加入 1.2 倍三次谐波定值电压，记录保护的动作时间。

要求：整定时间与实测时间最大误差不大于 1%。

4. 转子接地保护

调试试验以切换采样原理（乒乓式）转子一点接地保护为例。切换采样原理转子接地保护，通过乒乓式开关切换，求解两个不同接地回路方程，实时计算转子接地电阻值和接地位置。

（1）动作电阻测量。试验接线如图 1–6–6 所示。在图 1–6–6 中，端子 601、602 及 600 分别为保护柜后竖端子排上的转子绕组正极、负极及大轴线的接入端子，R 为滑线电阻（1000Ω，1A），K 为单相闸刀。暂将保护的动作延时调到最小，将滑线电阻的滑动头调至中间位置。合上电源闸刀 K。缓慢减小电阻箱的电阻至保护动作，记录保护动作时电阻箱的电阻值。再将滑线电阻的滑动头，分别调至电压的正极及负极端，重复上述试验和记录。

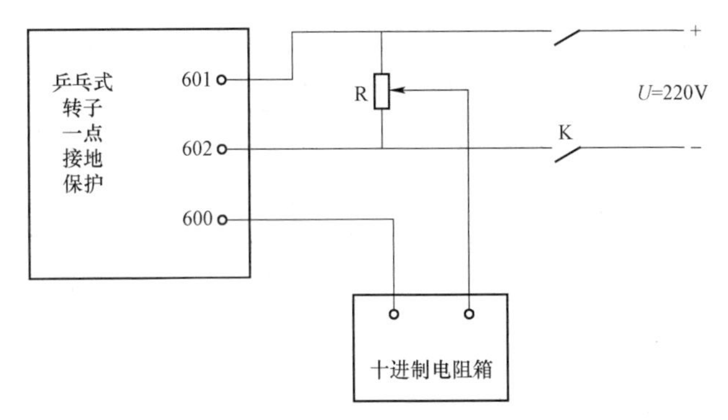

图 1–6–6　转子一点接地保护试验接线

要求：动作电阻值与测量值最大误差不大于 10%。

（2）动作时间校验。恢复乒乓式转子一点接地保护动作时间为整定值。试验接线如图 1–6–7 所示。

图 1–6–7 中，端子 1、2 为转子一点接地保护动作信号一对触点的输出端子，端子 3、4 为电子毫秒表的空接点启动计时接入端子，端子 5、6 为电子毫秒表的空接点停止时接入端子，K2、K1 为单相试验闸刀。调节电阻箱，使其接入保护的电阻值等于 0.8 倍的整定电阻。突然合上闸刀 K2，记录电子毫秒表的动作时间。

要求：动作时间与整定时间的最大误差不大于 5%。

5. 复压过电流保护

调试试验以变压器复压过电流保护为例，复压元件有低电压元件和负序电压元件。

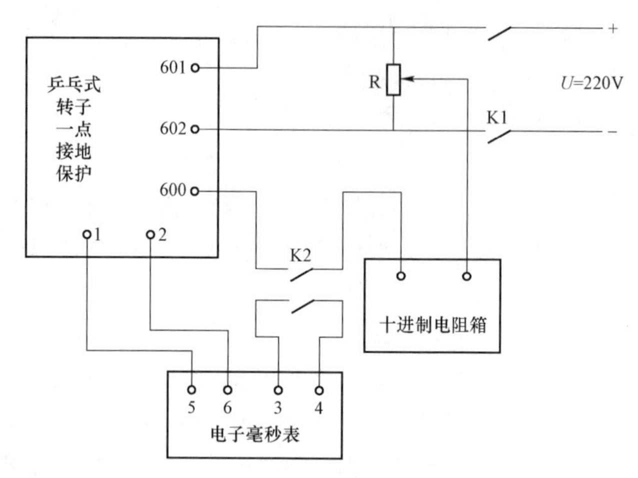

图 1–6–7　转子一点接地保护时间测量接线

（1）过电流定值校验。试验接线如图 1–6–8 所示。

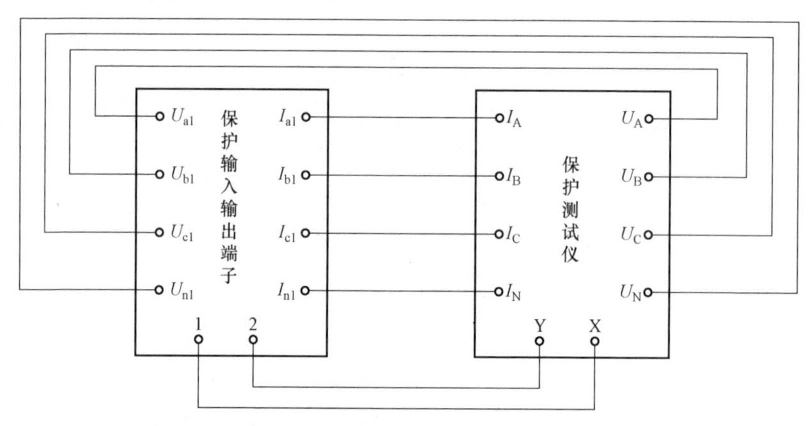

图 1–6–8　复压过电流保护试验接线

图 1–6–8 中，端子 U_{a1}、U_{b1}、U_{c1}、U_{n1} 及 I_{a1}、I_{b1}、I_{c1}、I_{n1} 分别为二次三相电压及二次三相电流的接入端子；而 I_A、I_B、I_C、I_N 及 U_A、U_B、U_C、U_N 则分别为继电保护测试仪的三相电流及三相电压的输出端子。

暂将保护的动作延时调至最小，不加三相电压，操作继电保护测试仪，由零缓慢增大 A 相电流至保护动作，记录动作电流。再操作继电保护测试仪，由零缓慢增大 B、C 相电流至保护动作，记录动作电流。

要求：动作电流值与整定值最大误差不大于 5%。

（2）复合电压定值校验。

1）低电压定值校验。操作继电保护测试仪，加 A 相电流，使其大于整定值，此时保护动作。另外，使继电保护测试仪输出电压为三相正序对称电压，电压由零升高至电压额定值，保护应能正确返回。再同时缓慢降低三相电压至保护动作。记录保护刚刚动作时的电压值。

要求：记录的电压值应与电压的整定值最大误差不大于 5%。

2）负序电压定值校验。操作界面键盘调出负序电压显示通道。同时升高三相电压至额定值，缓慢降低 B 相电压或改变 B 相电压的相位至保护动作，记录保护刚刚动作时界面上显示的负序电压计算值。

要求：记录的负序电压应与整定值的最大误差不大于 5%。

（3）动作时间校验。恢复复压过电流保护的动作时间。将延时出口的一对触点的输出端子接入继电保护测试仪，操作继电保护测试仪，使其输出低于整定值的电压，突加一相或三相 1.2 倍的动作电流，测量动作时间，并记录。

要求：动作时间与整定时间的最大误差不大于 5%。

6. 变压器零序过电流保护

（1）过电流定值校验。试验接线如图 1–6–9 所示。图 1–6–9 中，I_{10}、I_n 为变压器中性点 TA 输入发电机–变压器组保护装置的电流端子，I_A、I_B、I_C、I_N 为继电保护测试仪的三相电流。暂将主变压器零序过电流保护的动作延时调整为最小。操作保护界面，调出变压器零序 TA 采样电流。操作继电保护测试仪，注入单相电流，逐渐增大电流直至保护动作，记录下动作时的电流值。

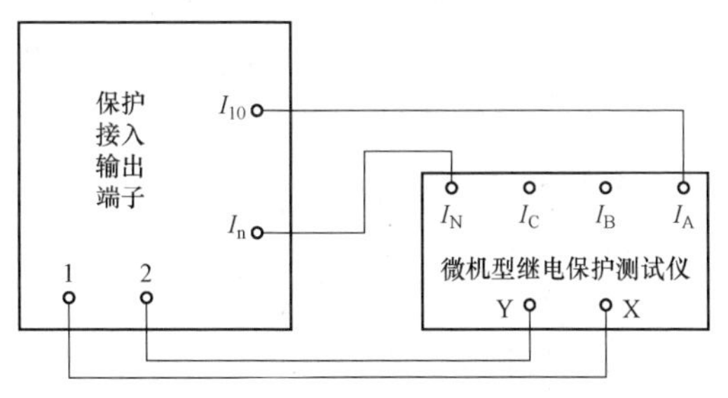

图 1–6–9　主变压器零序过电流保护试验接线

要求：动作时的电流值与整定值最大误差不大于 2.5%。

（2）动作时间校验。恢复主变压器零序过电流保护的动作时间。将延时出口的一对触点的输出端子接入继电保护测试仪，操作继电保护测试仪，突加 1.2 倍的动作电流，测量动作时间，并记录。

要求：动作时间与整定时间的最大误差不大于 1%。

7. 过励磁保护

调试试验以定时限过励磁保护为例。

（1）过励磁定值校验。试验接线如图 1–6–10 所示。

图 1–6–10 中，端子 U_{a1}、U_{b1}、U_{c1} 分别为机端 TV 二次三相电压，U_A、U_B、U_C、

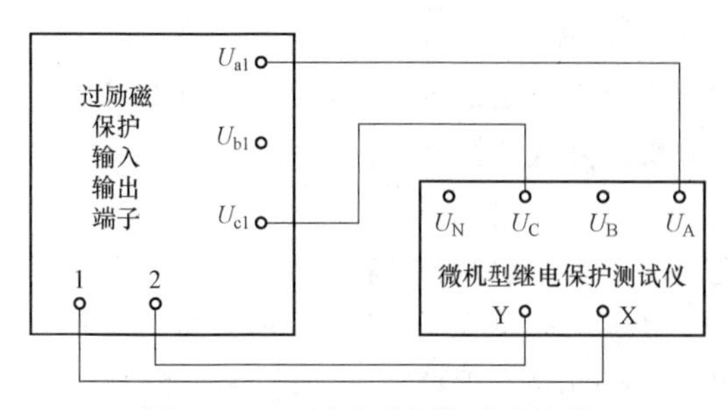

图 1–6–10　过励磁保护试验接线

U_N 则分别为继电保护测试仪的三相电压的输出端子。暂将定时限过励磁保护延时调整为最小，操作继电保护测试仪，使输出电压 U_{a1}、U_{c1} 为工频下的额定电压，逐渐增大电压，直至定时限过励磁保护动作，记录动作时的电压值；也可以输出 U_{a1}、U_{c1} 为额定电压，逐渐降低电压频率，记录动作时的电压频率，计算出电压与频率之比。更换输入保护装置电压的相别 U_{a1}、U_{b1} 和 U_{b1}、U_{c1} 分别再次进行测试，并记录。

要求：测得的电压值与频率值的比与过励磁倍数整定值最大误差不大于 5%。

（2）动作时间校验。恢复保护的动作延时，使其等于整定值。操作继电保护测试仪，突然输出电压与频率之比为过励磁定值的 1.1 倍的值，测量出定时限过励磁保护的动作时间。

要求：动作时间与整定时间的最大误差不大于 5%。

8. 负序过电流保护

调试试验以定时限负序过电流保护为例。

（1）负序过电流定值校验。试验接线如图 1–6–11 所示。

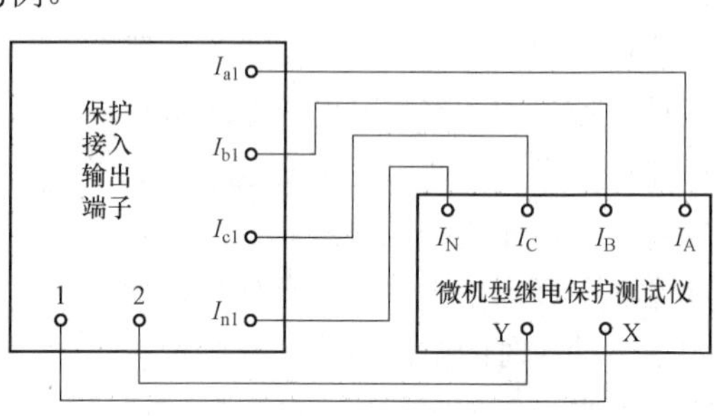

图 1–6–11　定时限负序过电流保护试验接线

图 1–6–11 中，I_{a1}、I_{b1}、I_{c1}、I_{n1} 二次三相电流的接入端子，而 I_A、I_B、I_C、I_N 为继电保护测试仪的三相电流。暂将负序过电流保护的延时改为最小，操作继电保护测试仪，注入三相对称负序电流，逐渐增大直至负序过电流保护动作，记录负序过电流保护的动作值。

要求：动作时的电流值与整定值最大误差不大于 5%。

（2）动作时间校验。恢复定时限负序过电流保护的动作时间。将延时出口的一对触点的输出端子接入继电保护测试仪，操作继电保护测试仪，突加 1.2 倍的动作电流，测量动作时间，并记录。

要求：动作时间与整定时间的最大误差不大于 5%。

9. 定子过负荷保护

调试试验以定时限过负荷保护为例。

（1）定子过负荷定值校验。试验接线与图 1–6–11 一致。

暂将定子过负荷保护的延时改为最小，操作继电保护测试仪，注入三相电流，逐渐增大直至定子过负荷保护动作，记录定子过负荷保护的动作值。

要求：动作时的电流值与整定值最大误差不大于 5%。

（2）动作时间校验。恢复定子过负荷保护的动作时间。将延时出口的一对触点的输出端子接入继电保护测试仪，操作继电保护测试仪，突加 1.2 倍的动作电流，测量动作时间，并记录。

要求：动作时间与整定时间的最大误差不大于 5%。

（十二）整组试验

发电机–变压器组保护装置在做完每一套单独的保护功能静态检验后，需进行整组试验，以校验发电机–变压器组保护装置在故障过程中的动作情况和保护回路设计正确性及其静态调试质量。整组试验时，统一加模拟故障电压和电流，进行发电机–变压器组保护的断路器传动。在传动断路器试验之前，控制室和开关站均应有专人监视，并应具备良好的通信联络设备，以便观察断路器和保护装置动作相别是否一致，监视中央信号装置的动作及声、光信号指示是否正确。

1. 传动试验

保护带实际断路器的传动试验是整组试验最重要的项目之一，主要是验证故障时保护装置的动作行为、一次设备动作的正确性以及故障切除时间。

要求故障切除时间与保护的出口时间比较，其时间差即为断路器跳闸时间，一般应不大于 60ms。

2. 与中央信号、远动装置的配合联动试验

根据微机保护与中央信号、远动装置信息传送数量和方式的具体情况确定试验项目和方法。要求所有的硬接点信号都应进行整组传动，不得采用短接点的方式。对于综合自动化站，还应检查保护动作报文的正确性。

（十三）发电机启动前检查

1. TA、TV 二次回路的检查

重点检查 TA、TV 的二次回路，用专用螺丝刀拧紧 TA、TV 回路的二次端子，尤其是 TA 二次端子排连接片上的固定螺钉。

2. 二次控制回路的检查

开关量输入回路、转子电压输入回路、隔离开关辅助接点回路、信号输出回路、光字音响回路、启动其他保护回路及出口跳闸回路与设计图纸完全一致。

3. 发电机–变压器组保护定值检查

仔细与相关部门下达的定值通知单进行核对，要求二者完全一致。

4. 现场试验工具的检查

现场的试验线和试验设备应全部拆除，所有信号应全部复归。

5. 故障信息的清理

清除试验过程中微机装置及故障录波器产生的故障报告、告警记录等所有报告。

6. 跳、合闸脉冲的检查

装置投入前，用高内阻电压表以一端对地测端子电压的方法检查并证实被检验的发电机–变压器组保护装置确实未给出跳闸或合闸脉冲，才允许将装置的连接片接到投入的位置。

（十四）工作电压及一次电流检查

1. 全部定检或部分定检时的工作电压及一次电流检查

发电机–变压器组保护装置在全部检验或部分检验的静态调试项目全部完毕后，应在发电机并网带负荷后，利用工作电压及一次电流对保护装置的采样电压、电流的幅值大小及相位，功率、阻抗元件等进行最终校验。主要检查项目内容及步骤如下：

（1）交流电压的相别核对。用万用表交流电压挡测量保护屏端子排上的交流相电压和相间电压，并校核发电机–变压器组保护屏上的三相电压与已确认正确的TV小母线三相电压的相别。

（2）交流电压和电流的数值检验。操作保护装置界面，进入保护模拟量通道菜单，检查模拟量幅值，并用钳形电流表、万用表等工具，测试回路电流电压幅值，检验电压、电流互感器变比是否正确。

（3）检验交流电压和电流的相位。操作保护装置界面，进入保护菜单，检查模拟量相位关系，并用钳形相位表测试回路各相电流、电压的相位关系。在进行相位检验时，应分别检验三相电压的相位关系，并根据实际负荷情况，核对交流电压和交流电流之间的相位关系。

（4）测量差动保护各组电流互感器的相位及差动回路中的差电流。操作保护装置界面，进入差动保护采样值菜单，检查保护装置差动电流和制动电流大小，并进行记录。

（5）功率、阻抗方向的正确性。操作保护装置界面，进入保护菜单，分别检查发电机功率的正负以及阻抗元件采样，并进行记录。

2. 新安装发电机–变压器组保护装置工作电压及一次电流检查

随发电机、变压器等一次设备一同安装的发电机–变压器组保护装置，应在保护静态调试项目全部完毕后，利用发电机进行升流、升压试验的机会，对保护装置的采样电压、电流的幅值大小及相位进行校核。

（十五）保护功能动态校验

动态校验的项目、方法和步骤参见模块发电机保护装置调试（ZY5400103003）部分的有关内容，本模块只对未涉及的保护功能动态调试方法进行介绍。

1. 变压器差动保护动态调试

试验条件：发电机短路试验时，短路点设置在主变压器高压侧差动 TA 以外的位置。投入变压器差动保护功能连接片，定值按正式下发的定值单整定。发电机的灭磁开关在断开位置。在保护柜后端子排上，分别用专用 TA 二次回路短接线，将变压器差动保护一侧 TA 的二次侧短接起来。

试验步骤：操作保护装置界面键盘，调出变压器差动保护各相差流的显示值。合上发电机灭磁开关，手动调节励磁，缓慢增大发电机、变压器主回路上的电流，直至变压器差动保护动作，记录界面上显示的差动保护各相差流。

要求：动作值与整定值最大误差应不大于 5%。

2. 定时限负序过电流保护动态调试

试验条件：发电机短路试验时，定时限负序过电流保护所用 TA 在升流的范围内。发电机的灭磁开关在断开位置。在保护柜后端子排上，将 TA 二次回路的 A 相与 C 相互换，将发电机 A 相二次电流送入保护装置 C 相电流通道，将发电机 C 相二次电流送入保护装置的 A 相电流通道。暂将定时限负序过电流保护的定值调整为 $0.5I_N$，将保护的动作延时调至为最小。

试验步骤：操作保护装置界面键盘，调出界面显示电流的通道。合上灭磁开关，手动调节励磁，缓慢增大发电机的电流直至定时限负序过电流保护动作。

要求：动作时的电流近似等于 $0.5I_N$，误差应不大于 5%。

3. 定时限过负荷保护动态调试

试验条件：发电机短路试验时，定时限过负荷保护所用 TA 在升流的范围内。暂将定时限过负荷保护的定值调整为 $0.5I_N$，将保护的动作延时调至为最小。

试验步骤：操作保护装置界面键盘，调出界面显示电流的通道。合上灭磁开关，手动调节励磁，缓慢增大发电机的电流直至定时限过负荷保护动作。

要求：动作时的电流近似等于 $0.5I_N$，误差应不大于 5%。

4. 定时限过励磁保护动态调试

试验条件：发电机升压试验时，定时限过励磁保护所用 TV 在升压的范围内。暂将定时限过励磁保护的定值调整为最小，将保护的动作延时调至为最小。

试验步骤：操作保护装置界面键盘，调出界面显示电压的通道。合上灭磁开关，手动调节励磁，缓慢增大发电机的电压直至定时限过励磁保护动作。

要求：动作时的过励磁倍数近似等于整定值，误差应不大于 5%。

（十六）保护定值及功能连接片最终核对

在保护功能动态调试的过程中，保护功能连接片和定值都有所改动。所以，在保护功能动态调试试验全部完成后，应严格对照有关部门提供最新的发电机保护定值单对保护定值及功能连接片进行最终的核对检查。

【思考与练习】

1. 发电机–变压器组保护二次回路检查的具体内容是什么？
2. 简述中间继电器的检查和试验内容。
3. 蓄能电站变压器差动保护换相功能校验方法有哪些？
4. 如何进行双频式定子100%接地保护调试试验？
5. 乒乓式转子一点接地保护校验时应如何接线？
6. 如何进行定时限负序过电流保护动作值校验？
7. 为什么要进行发电机–变压器组保护的整组试验？
8. 简述动态校验复压过电流保护的试验条件和试验步骤。

第二章

继电保护专业规程

模块 1　继电保护和电网安全自动装置现场工作保安规定（ZY5400104001）

【模块描述】本模块介绍了《继电保护和电网安全自动装置现场工作保安规定》，通过对规定的学习，掌握继电保护和自动装置现场工作的注意事项和安全措施。

【正文】

《继电保护和电网安全自动装置现场工作保安规定》标准文号为 Q/GDW 267—2009，该标准为国家电网公司企业标准，由国家电网公司发布，2009-06-09 发布实施。本标准规定了继电保护、电网安全自动装置和相关二次回路现场工作中的安全技术措施要求。

为了便于学习、了解和运用本标准，对标准进行了整理归纳，但不作一一解释，具体内容参见原标准。

1. 范围

本章节主要阐述了该标准的主题内容和标准适用范围，主要内容如下：该标准规定了继电保护、电网安全自动装置和相关二次回路现场工作中的安全技术措施要求，适用于国家电网公司系统继电保护、电网安全自动装置和相关二次回路现场工作。

2. 规范性引用文件

本章节主要介绍了该标准所引用的标准。凡是注日期的引用文件，其随后所有的修改单或修订版本均适用于该标准。

Q/GDW 1799.1—2013　国家电网公司电力安全工作规程（变电部分）

3. 总则

本章节对继电保护、电网安全自动装置和相关二次回路现场工作的安全技术措施总体原则作出了规定。

4. 现场工作前准备

本章节对继电保护、电网安全自动装置和相关二次回路现场工作前的安全技术措施作出了规定，具体包括了解工作地点、工作范围、一次设备和二次设备运行情况，与本工作有联系的运行设备，需要与其他班组配合的工作；拟订工作重点项目、准备处理的缺陷和薄弱环节；应具备的资料；工作人员应分工明确，熟悉图纸和检验规程等有关资料；对重要和复杂保护装置，应编制经技术负责人审批的检验方案和继电保护安全措施票以及安全措施票的要求；继电保护柜（屏）、现场端子箱应有明显的设备名称；高压试验、通信、仪表、自动化等专业人员作业影响继电保护和电网安全自动装置的正常运行，应经相关调度批准，停用相关保护等规定。

5. 现场工作

本章节对继电保护、电网安全自动装置和相关二次回路现场工作中的安全技术措施作出了规定，具体包括工作负责人应逐条核对运行人员做的安全措施确保符合要求；工作负责人若因故暂时离开工作现场时规定；运行中的一、二次设备均应由运行人员操作；检验继电保护和电网安全自动装置时，应按安全措施票断开或短路有关回路，并做好记录；一次设备运行而停部分保护进行工作时，应特别注意断开不经压板的跳闸回路（包括远跳回路）、合闸回路和与运行设备安全有关的连线；更换继电保护和电网安全自动装置柜（屏）或拆除旧柜（屏）前规定；对于和电流构成的保护，若某一断路器或电流互感器作业影响保护的和电流回路，作业前的规定；不应在运行的继电保护、电网安全自动装置柜（屏）上进行与正常运行操作、停运消缺无关的其他工作；现场进行带电工作（包括做安全措施）时规定；进行试验接线前，应了解试验电源的容量和接线方式；现场工作应以图纸为依据；改变二次回路接线、改变保护装置接线、改变直流二次回路、对交流二次电压回路通电、电流互感器和电压互感器的二次绕组接地点的规定；在运行的电压互感器二次回路、运行的电流互感器二次回路上工作、被检验保护装置与其他保护装置共用电流互感器绕组的特殊情况工作时的安全措施；应根据最新定值通知单整定保护装置定值；行现场工作时，应防止交流和直流回路混线；保护装置整组检验时、用继电保护和电网安全自动装置传动断路器前、带方向性的保护和差动保护新投入运行时、导引电缆及与其直接相连的设备上工作时、运行中的高频通道上进行工作时的安全措施；电子仪表的接地方式；微机保护装置上进工作防止静电感应措施等规定。

6. 现场工作结束

本章节对继电保护、电网安全自动装置和相关二次回路现场工作结束前后的安全技术措施作出了规定，具体包括现场工作结束前检查；复查临时接线；工作结束，全部设备和回路应恢复到工作开始前状态；工作结束前保护装置整定值核对；工作票结束后不应再进行任何工作等规定。

7. 附录

本章节为标准的附录部分，该标准的附录A为规范性附录，具有与标准的等同效力。提出继电保护安全措施票的要求。

【思考与练习】

1. 现场工作中遇有哪些情况应填写继电保护安全措施票？
2. 继电保护现场工作主要有哪些危险点？如何控制？
3. 编写继电保护装置调试典型现场工作安全措施票。